Flex und Flo 3

W0219025

Arbeitsheft

Erarbeitet von
Rolf Breiter, Britta Decker, Sandra Felix,
Anja Göttlicher, Marion Krones, Babette Steiner
und Sabine Willmeroth
in Zusammenarbeit mit der
Redaktion Grundschule.

Diesterweg®

Inhaltsverzeichnis

Inhaltsverzeichnis

Geometrie

Sachrechnen und Größen

Zeichenerklärung

Male/Zeichne mit der entsprechenden Farbe!

Streiche durch, was nicht passt!

Ordne zu!

Kreise ein!

Kreuze an!

Benutze Material!

Aufgaben zur Differenzierung mit einem höheren Anspruchsniveau

zu S. Thema im Heft Addieren und Subtrahieren
auf der angegebenen Seite

zu S. Thema im Heft Multiplizieren und Dividieren
auf der angegebenen Seite

zu S. Thema im Heft Geometrie
auf der angegebenen Seite

zu S. Thema im Heft Sachrechnen und Größen
auf der angegebenen Seite

Wiederholung und Vertiefung

Datum ____________

zu S. 6–7

1 Welche Aufgaben sind es?

a) + 20, + 6
38 58 ____
38 + ____ = ____

b) + 30, + 4
27 ____ ____
____

c) ____, + 5
48 88 ____
____

2 Rechne auf deinem Weg.

a) 56 + 28 =

b) 44 + 37 =

c) 68 + 23 =

3

a) – 6, – 20
____ ____ 54
54 – ____ = ____

b) ____, ____
36 41 71
____

c) – 7, ____
____ 35 85
____

4

a) 83 – 46 =

b) 62 – 26 =

c) 52 – 37 =

5 Male Aufgaben mit gleichem Ergebnis mit der gleichen Farbe an.

53 + 27 = ____
48 + 15 = ____
32 + 12 = ____
85 – 17 = ____
91 – 25 = ____
81 – 15 = ____
22 + 22 = ____
68 + 14 = ____
57 + 23 = ____
82 – 26 = ____
84 – 16 = ____
72 – 16 = ____
64 + 18 = ____
45 + 18 = ____

Datum ____________

zu S. 6–7

1

11	15	26		
18	18			
15	19			

2

32	12			
14		38		
50		50		
	32	34		

3 Wer findet den längsten Zug?

8	4						

4 Vergleiche die Zahlen im letzten Waggon. Was fällt dir auf?

15		36		
15		38		
15		37		
15		39		

Die Zahl im letzten Waggon wird immer um ____________

5 Wie heißt die Zahl?

a) Addiere 30 zu der Zahl. Die Summe ist 85.
____

b) Addiere zwei gleiche Zahlen. Die Summe ist 88.
____

c) Addiere 27 zu der Zahl. Die Summe ist 57.
____

d) Addiere 25 zu der Zahl. Die Summe ist 50.
____

e) Addiere 14 zu der Zahl. Die Summe ist 46.
____

f) Addiere 100 zu der Zahl. Die Summe ist 100.
____

Zahlen bis 1000

Datum ____________

zu S. 14 – 15

1

a)

H	Z	E
6	7	5

600 + 70 + 5 = ______

b)

H	Z	E
9	1	3

______

c)

H	Z	E
5	7	2

______

2 Zerlege die Zahlen.

a) 526 = 500 + 20 + 6
346 = ______
657 = ______

b) 812 = ______
999 = ______
428 = ______

c) 710 = ______
204 = ______
502 = ______

3 Ergänze die fehlenden Hunderter, Zehner oder Einer.

a) 121 = 100 + 20 + ______
725 = 700 + ______ + 5
893 = 800 + ______ + 3

b) 637 = ______ + 30 + 7
346 = ______ + 40 + 6
572 = 500 + ______ + 2

c) 254 = ______ + 50 + 4
179 = 100 + ______ + 9
442 = 400 + ______ + 2

4 Immer drei gehören zusammen. Male mit gleicher Farbe an.

424 | 500 + 10 + 3 | 876 | 400 + 20 + 4 | 8H 7Z 6E
800 + 70 + 6 | 4H 2Z 4E | 513
5H 1Z 3E | 531 | 500 + 30 + 1 | 5H 3Z 1E

5 Verbinde die Zahl mit dem richtigen Zahlwort.

vierhundertsiebzehn
sechshundertdreiundzwanzig
neunhundertfünfundzwanzig

623 | 952
417 | 376
925 | 470

dreihundertsechsundsiebzig
vierhundertsiebzig
neunhundertzweiundfünfzig

6 Wie heißt die Zahl?

a) Die Zahl hat vier Hunderter, doppelt so viele Zehner und fünf Einer.
______

b) Die Zahl hat sechs Hunderter, halb so viele Einer und einen Zehner.
______

c) Die Zahl hat sechs Zehner, halb so viele Hunderter und acht Einer.
______

Zahlenstrahl

zu S. 20 – 22

Datum ____________

1 Welche Zahlen sind es?

A B C D E F G H

550 560 570 580 590 600 610 620 630 640 650

A 551 B ____ C ____ D ____ E ____ F ____ G ____ H ____

2 Trage diese Zahlen ein: ~~343~~ 434 365 356 389 398 421 412

343

340 350 360 370 380 390 400 410 420 430 440

3 Welche Zahl ist genau in der Mitte? Zeichne sie ein.

a) 600 700 800

b) 400 700

c) 0 500

d) 280 300

e) 340 380

f) 510 590

4 Wo sind diese Zahlen ungefähr? Zeichne sie ein.

a) 250 300 350

200 400

b) 200 250 260

150 300

c) 420 450 480

400 500

d) 710 770 790

700 800

5 Zeichne die Hunderter ein.

0 1000

Zahlenstrahl

Datum: ____________

zu S. 24

1 Welche Zahlen sind es? Schreibe beide Nachbarzehner (NZ) auf.

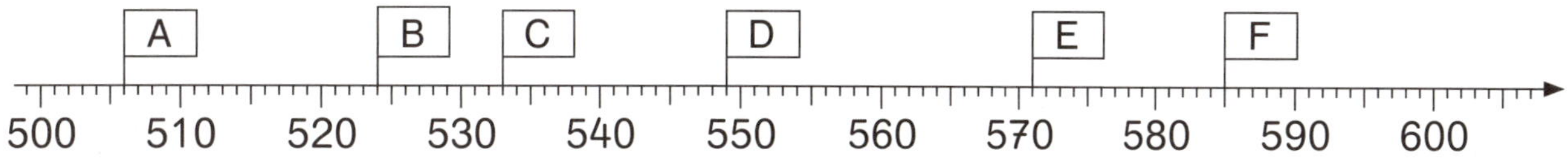

NZ	Zahl	NZ
500	A: 506	510
	B:	
	C:	

NZ	Zahl	NZ
	D:	
	E:	
	F:	

2 Schreibe beide Nachbarzehner auf. Welcher liegt näher? Kreise ihn ein.

NZ	Zahl	NZ
(470)	473	480
	911	
	326	

NZ	Zahl	NZ
	659	
	742	
	538	

3 Sprünge zu den Nachbarzehnern

a) 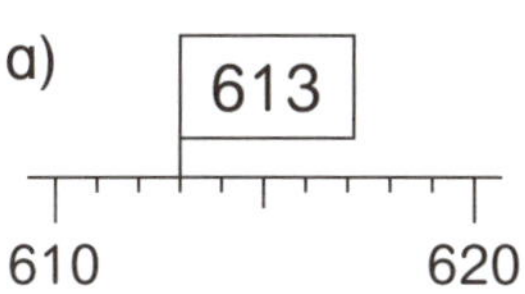

613 + ___ = 620

613 – ___ = 610

b) 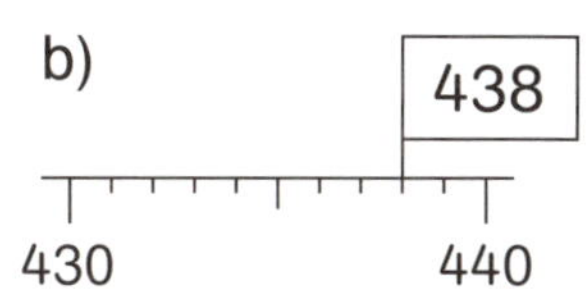

438 + ___ = ______

438 – ___ = ______

c) 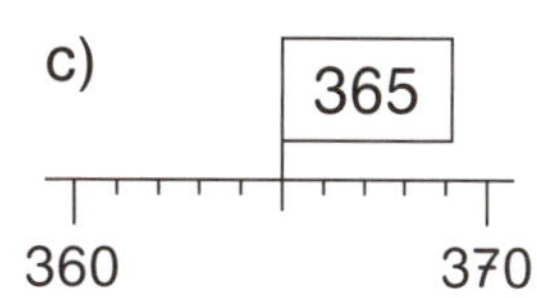

______ + ___ = ______

______ – ___ = ______

d) 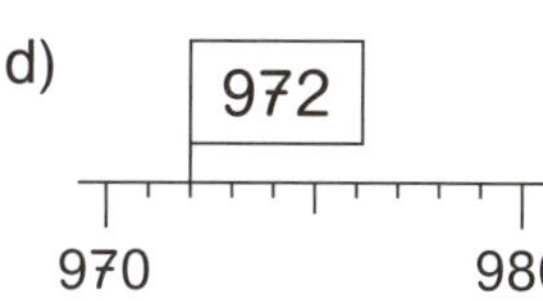

______ + ___ = ______

______ – ___ = ______

4

a)	b)	c)	d)
542 + ___ = 550	709 + ___ = 710	473 + ___ = ______	364 + ___ = ______
542 – ___ = 540	709 – ___ = 700	473 – ___ = ______	364 – ___ = ______

5

a)	b)	c)	d)
327 + ___ = 330	548 + ___ = 550	537 + ___ = ______	619 – ___ = ______
194 – ___ = 190	946 + ___ = 950	621 + ___ = ______	482 + ___ = ______
283 – ___ = 280	748 – ___ = 740	483 – ___ = ______	999 – ___ = ______

6 Kleiner, größer oder gleich? Setze ein: (<), (>), (=)

a)	b)	c)	d)
327 ◯ 372	512 ◯ 512	412 ◯ 422	908 ◯ 809
555 ◯ 554	918 ◯ 819	851 ◯ 851	314 ◯ 413
303 ◯ 313	672 ◯ 276	404 ◯ 606	208 ◯ 802

Rechnen rund um die Zehner

Datum ___

1

a)	b)	c)	d)
274 + 6 = ___	367 + 3 = ___	909 + 1 = ___	518 + 2 = ___
274 + 7 = ___	367 + 4 = ___	909 + 2 = ___	518 + 3 = ___
274 + 8 = ___	367 + 5 = ___	909 + 3 = ___	518 + 4 = ___
274 + 9 = ___	367 + 6 = ___	909 + 4 = ___	518 + 5 = ___

2 Schreibe ähnliche Aufgaben dazu.

a)	b)	c)	d)
35 + 7 = ___	59 + 4 = ___	23 + 8 = ___	46 + 7 = ___
135 + 7 = ___	859 + 4 = ___	323 + 8 = ___	146 + 7 = ___
335 + 7 = ___	459 + 4 = ___	723 + 8 = ___	846 + 7 = ___
___	___	___	___
___	___	___	___

3 Male Aufgaben mit gleichem Ergebnis mit der gleichen Farbe an.

176 + 5 = ___

563 + 9 = ___

327 + 4 = ___

324 + 7 = ___

175 + 6 = ___

569 + 3 = ___

4

a)	b)	c)	d)
381 – 1 = ___	735 – 5 = ___	642 – 2 = ___	424 – 4 = ___
381 – 2 = ___	735 – 6 = ___	642 – 3 = ___	424 – 5 = ___
381 – 3 = ___	735 – 7 = ___	642 – 4 = ___	424 – 6 = ___
381 – 4 = ___	735 – 8 = ___	642 – 5 = ___	424 – 7 = ___

5

–	5	8
640		
380		
510		

–	9	3
250		
660		
870		

6 Schreibe ähnliche Aufgaben dazu.

a)	b)	c)	d)
43 – 6 = ___	27 – 8 = ___	82 – 4 = ___	64 – 9 = ___
143 – 6 = ___	127 – 8 = ___	682 – 4 = ___	164 – 9 = ___
543 – 6 = ___	327 – 8 = ___	282 – 4 = ___	564 – 9 = ___
___	___	___	___
___	___	___	___

Rechnen rund um die Hunderter

Datum ______

zu S. 25

1

a) 395 + 5 = ___ b) 497 + 3 = ___ c) 796 + 4 = ___ d) 298 + 2 = ___
395 + 6 = ___ 497 + 4 = ___ 796 + 5 = ___ 298 + 3 = ___
395 + 7 = ___ 497 + 5 = ___ 796 + 6 = ___ 298 + 4 = ___
395 + 8 = ___ 497 + 6 = ___ 796 + 7 = ___ 298 + 5 = ___

2 Aufgepasst! Schreibe ähnliche Aufgaben dazu.

a) 97 + 4 = ___ b) 95 + 9 = ___ c) 96 + 7 = ___ d) 94 + 8 = ___
597 + 4 = ___ 195 + 9 = ___ 296 + 7 = ___ 194 + 8 = ___
197 + 4 = ___ 395 + 9 = ___ 896 + 7 = ___ 694 + 8 = ___
______ ______ ______ ______
______ ______ ______ ______

3

+	7	9	8
493			
595			
298			

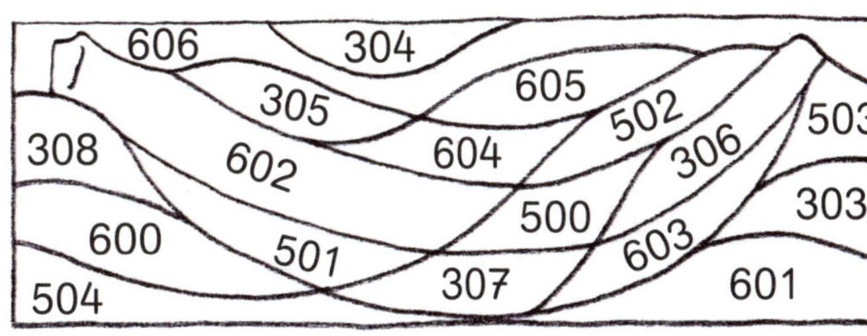

4

a) 204 – 4 = ___ b) 703 – 3 = ___ c) 501 – 1 = ___ d) 306 – 6 = ___
204 – 5 = ___ 703 – 4 = ___ 501 – 2 = ___ 306 – 7 = ___
204 – 6 = ___ 703 – 5 = ___ 501 – 3 = ___ 306 – 8 = ___
204 – 7 = ___ 703 – 6 = ___ 501 – 4 = ___ 306 – 9 = ___

5 Aufgepasst! Schreibe ähnliche Aufgaben dazu.

a) 305 – 7 = ___ b) 105 – 9 = ___ c) 602 – 4 = ___ d) 503 – 8 = ___
105 – 7 = ___ 205 – 9 = ___ 302 – 4 = ___ 203 – 8 = ___
405 – 7 = ___ 905 – 9 = ___ 702 – 4 = ___ 903 – 8 = ___
______ ______ ______ ______
______ ______ ______ ______

6

–	6	8	9
202			
505			
903			

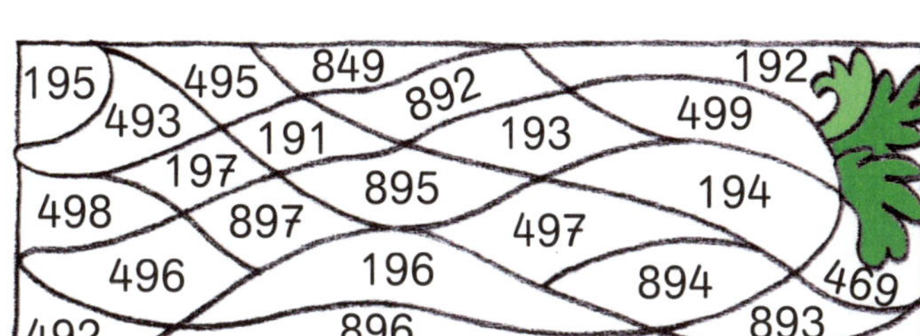

Rechnen bis 1000

Datum ____________

zu S. 27

1 Welche Aufgaben sind es?

a) 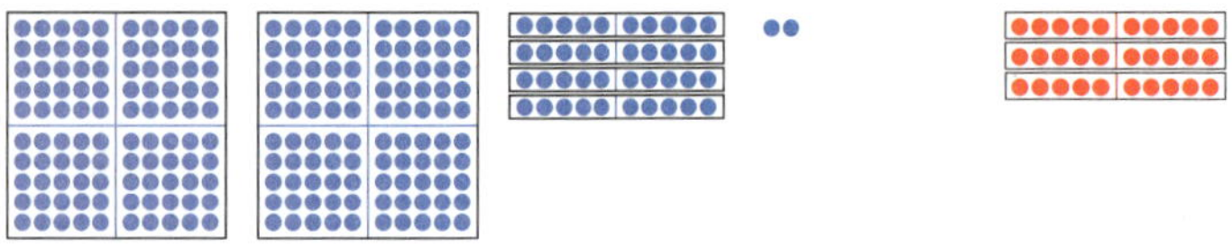

242 + 30 = ____________

b) 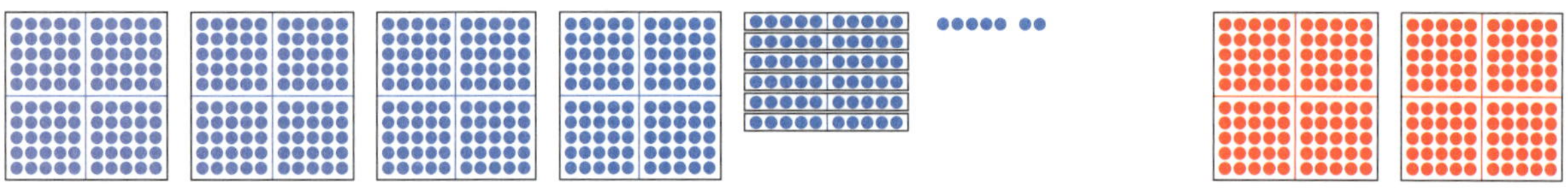

____

c) 

____

2 Lege, dann zeichne und addiere.

a) 365 + 200 = 565

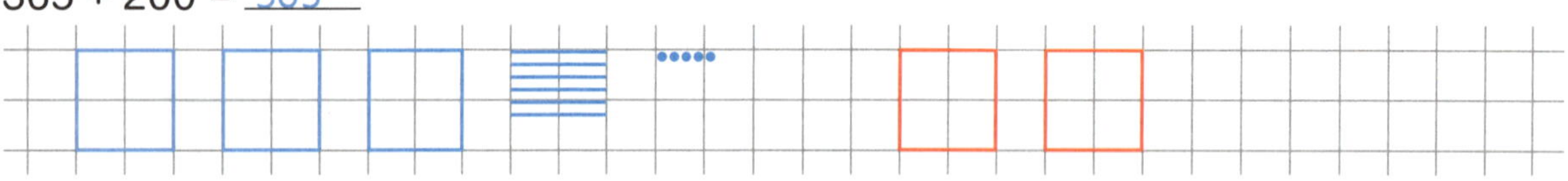

b) 726 + 100 = ______

c) 418 + 40 = ______

d) 312 + 60 = ______

3

a)	b)	c)	d)
816 + 30 = ____	703 + 60 = ____	503 + 200 = ____	854 + 100 = ____
576 + 20 = ____	617 + 80 = ____	636 + 300 = ____	287 + 400 = ____
934 + 50 = ____	253 + 10 = ____	715 + 100 = ____	342 + 500 = ____

4

a)	b)	c)	d)
425 + 40 = ____	142 + 30 = ____	708 + 200 = ____	412 + 7 = ____
601 + 8 = ____	239 + 700 = ____	471 + 7 = ____	873 + 20 = ____
601 + 80 = ____	123 + 5 = ____	915 + 20 = ____	239 + 200 = ____

Rechnen bis 1000

Datum ____________

zu S. 28

1 Welche Aufgaben sind es?

a) 

735 – 300 = ____________

b) 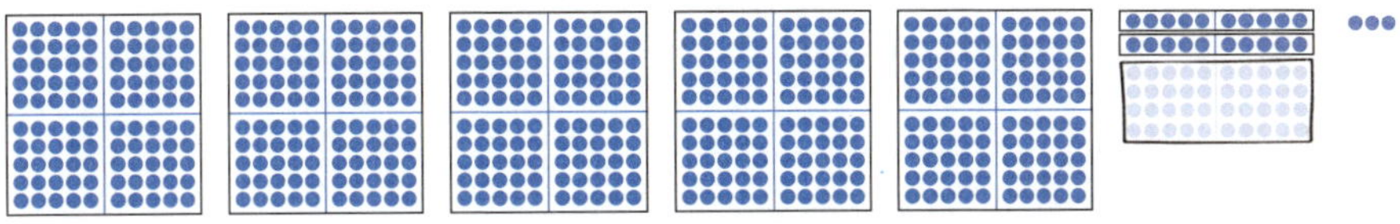

____

c) 

____

2 Lege, dann zeichne und subtrahiere.

a) 473 – 50 = 423

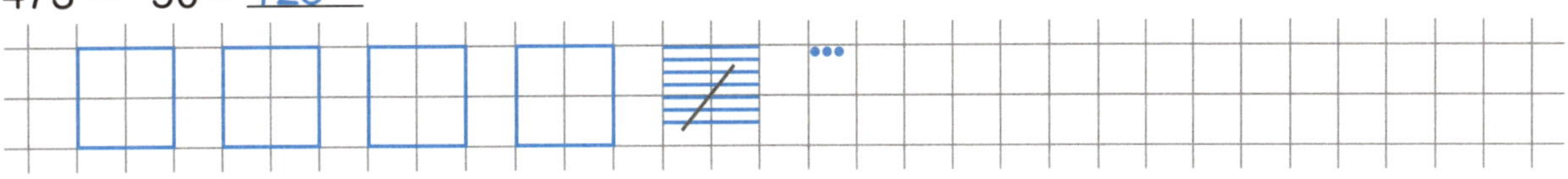

b) 647 – 30 = ______

c) 619 – 400 = ______

d) 864 – 600 = ______

3

a)	b)	c)	d)
529 – 10 = ______	387 – 50 = ______	417 – 300 = ______	582 – 300 = ______
873 – 40 = ______	495 – 60 = ______	907 – 800 = ______	854 – 500 = ______
642 – 20 = ______	786 – 70 = ______	436 – 100 = ______	975 – 600 = ______

4

a)	b)	c)	d)
461 – 20 = ______	531 – 300 = ______	268 – 40 = ______	957 – 4 = ______
318 – 5 = ______	314 – 3 = ______	628 – 400 = ______	975 – 600 = ______
684 – 60 = ______	954 – 30 = ______	369 – 200 = ______	593 – 70 = ______

Addieren von großen Zahlen

Datum ______

zu S. 34–35

1 Schreibe passende Aufgaben dazu. Wie verändert sich die Summe?

a)	b)	c)	d)
390 + 50 = ____	480 + 70 = ____	760 + 80 = ____	540 + 90 = ____
380 + 50 = ____	470 + 70 = ____	750 + 80 = ____	530 + 90 = ____
370 + 50 = ____	460 + 70 = ____	740 + 80 = ____	520 + 90 = ____
360 + 50 = ____	____	____	____
350 + 50 = ____	____	____	____

Die Summe ______________________________

2 Male Aufgaben mit gleichem Ergebnis mit der gleichen Farbe an.

420 + 90= ____ 360 + 70= ____ 180 + 50= ____ 370 + 60= ____

280 + 40= ____ 490 + 20= ____ 240 + 80= ____ 150 + 80= ____

3

+	70	73	78
340			
570			
450			

4 Rechne auf deinem Weg.

5 6 0 + 2 7 0 =

3 8 0 + 2 5 0 =

5 Verbinde die Ergebniszahlen der Reihe nach.

a) 420 + 190 = ____
b) 580 + 250 = ____
c) 270 + 360 = ____
d) 340 + 180 = ____
e) 550 + 260 = ____
f) 160 + 660 = ____
g) 370 + 370 = ____
h) 750 + 190 = ____

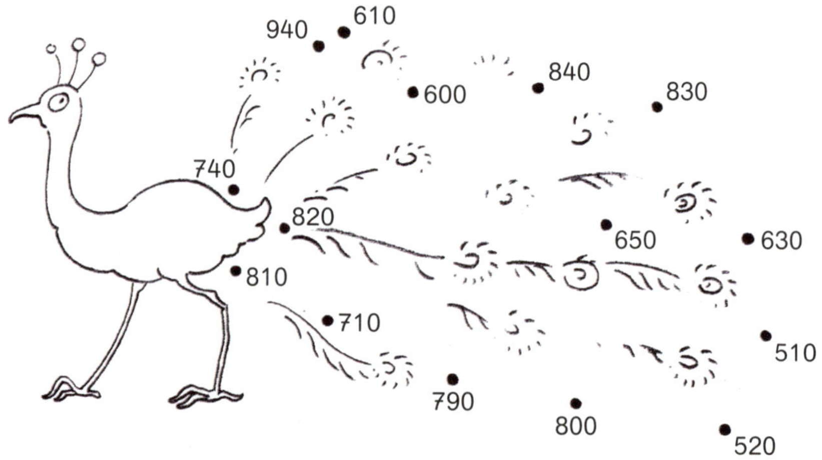

Subtrahieren von großen Zahlen

Datum ______

zu S. 36 – 37

1 Schreibe passende Aufgaben dazu. Wie verändert sich die Differenz?

a) 240 – 40 = ___
230 – 40 = ___
220 – 40 = ___
210 – 40 = ___
200 – 40 = ___

b) 870 – 90 = ___
860 – 90 = ___
850 – 90 = ___
___
___

c) 450 – 80 = ___
440 – 80 = ___
430 – 80 = ___
___
___

d) 360 – 70 = ___
350 – 70 = ___
340 – 70 = ___
___
___

Die Differenz ______

2

–	40	50	30
520			
210			
630			

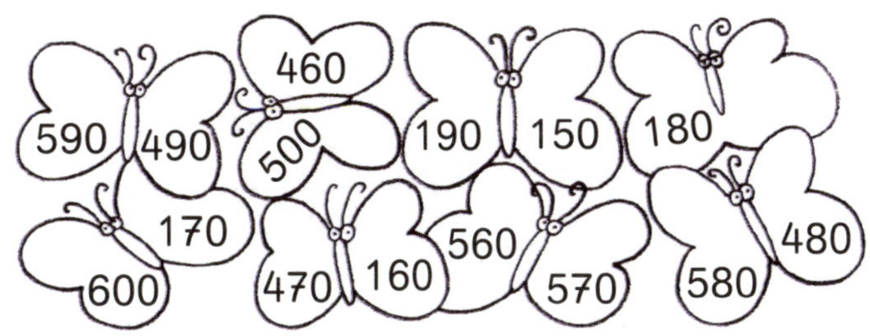

3 Rechne auf deinem Weg.

6 2 0 – 4 7 0 =

5 1 0 – 2 4 0 =

4 Verbinde die Ergebniszahlen der Reihe nach.

a) 810 – 130 = ___
b) 520 – 240 = ___
c) 640 – 380 = ___
d) 930 – 770 = ___
e) 360 – 290 = ___
f) 530 – 380 = ___
g) 750 – 260 = ___
h) 640 – 470 = ___

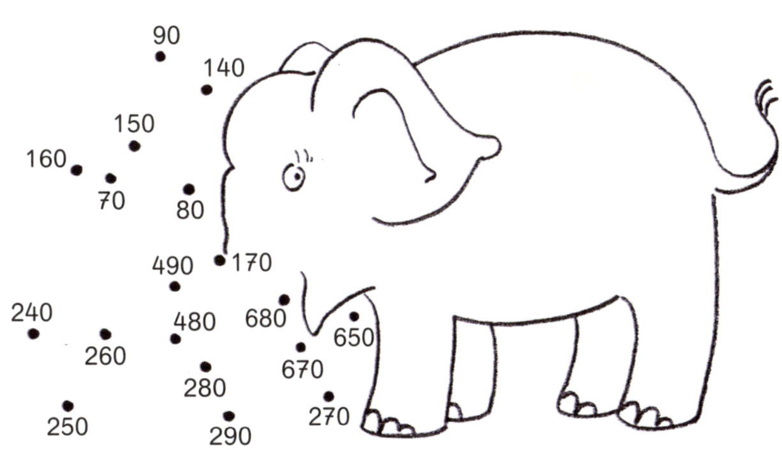

5

a) Die Zahl ist die Differenz von 510 und 430.
______
___

b) Halbiere die Differenz von 500 und 100.
______
___

c) Verdopple die Differenz von 650 und 600.
______
___

Halbschriftlich addieren

Datum

zu S. 38 – 39

1 Rechne auf deinem Weg.

367 + 54 =

586 + 75 =

348 + 83 =

294 + 78 =

726 + 95 =

454 + 68 =

2

+	60	64	67
296			
478			

+	80	83	85
357			
539			

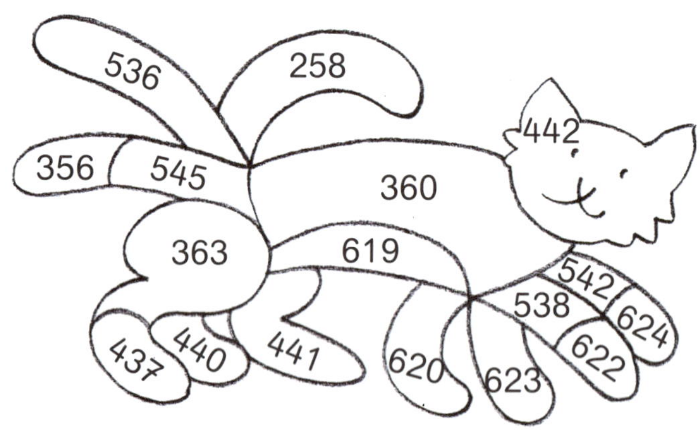

3 Rechne geschickt im Kopf.

a) 437 + 69 = ______

583 + 49 = ______

854 + 79 = ______

745 + 89 = ______

b) 676 + 59 = ______

948 + 29 = ______

385 + 39 = ______

472 + 49 = ______

4 Rechne auch diese Aufgaben wie Flex.

a) 525 + 99 = ______

637 + 99 = ______

487 + 99 = ______

b) 309 + 99 = ______

412 + 99 = ______

833 + 99 = ______

c) 214 + 98 = ______

795 + 98 = ______

807 + 98 = ______

d) 686 + 97 = ______

458 + 97 = ______

364 + 97 = ______

5 Welche Zahl musst du einsetzen?

a) 375 + 87 = 387 + ______

456 + 64 = 464 + ______

727 + 72 = 772 + ______

b) 761 + 82 = 760 + ______

543 + 67 = 540 + ______

638 + 85 = 640 + ______

Halbschriftlich subtrahieren

Datum ____________

zu S. 40–41

1 Rechne auf deinem Weg.

924 – 73 =

811 – 56 =

453 – 88 =

732 – 44 =

661 – 85 =

223 – 37 =

2

–	70	75	78
245			
553			

–	50	56	58
724			
841			

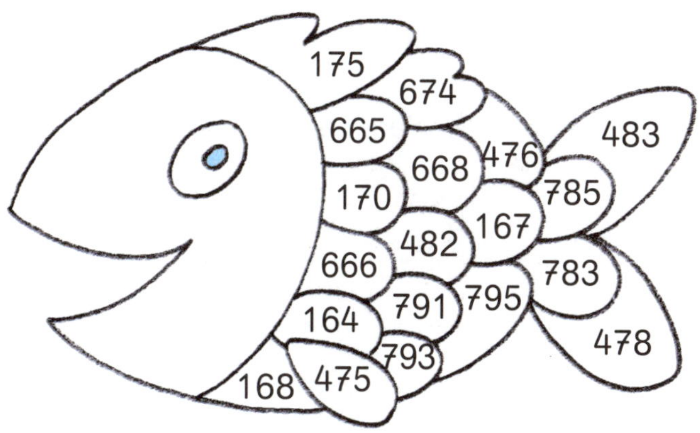

3 Rechne geschickt im Kopf.

a) 423 – 59 = ______

531 – 49 = ______

357 – 89 = ______

724 – 69 = ______

b) 826 – 39 = ______

503 – 29 = ______

644 – 79 = ______

935 – 49 = ______

4 Rechne auch diese Aufgaben geschickt.

a) 415 – 99 = ______ b) 526 – 99 = ______ c) 691 – 98 = ______ d) 371 – 97 = ______

868 – 99 = ______ 457 – 99 = ______ 466 – 98 = ______ 634 – 97 = ______

913 – 99 = ______ 382 – 99 = ______ 342 – 98 = ______ 283 – 97 = ______

5 Welches Zeichen musst du einsetzen: (+) oder (–)?

a) 300 ◯ 50 = 400 ◯ 50

270 ◯ 30 = 230 ◯ 70

400 ◯ 20 = 320 ◯ 60

b) 500 ◯ 23 = 600 ◯ 77

300 ◯ 100 = 400 ◯ 200

356 ◯ 46 = 360 ◯ 50

Rechenmauern

zu S. 43

Datum

1 Wie musst du die Zahlen verändern, damit das Ergebnis im oberen Stein 520 oder 560 ist?

2 Wie musst du die Zahlen hier verändern?

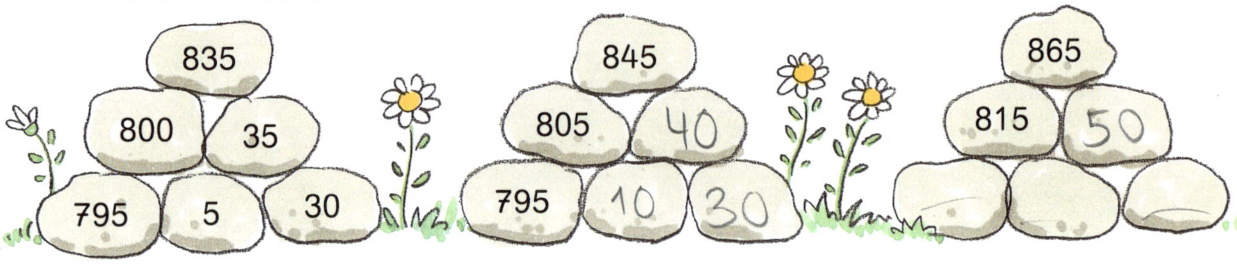

3 Finde verschiedene Möglichkeiten.

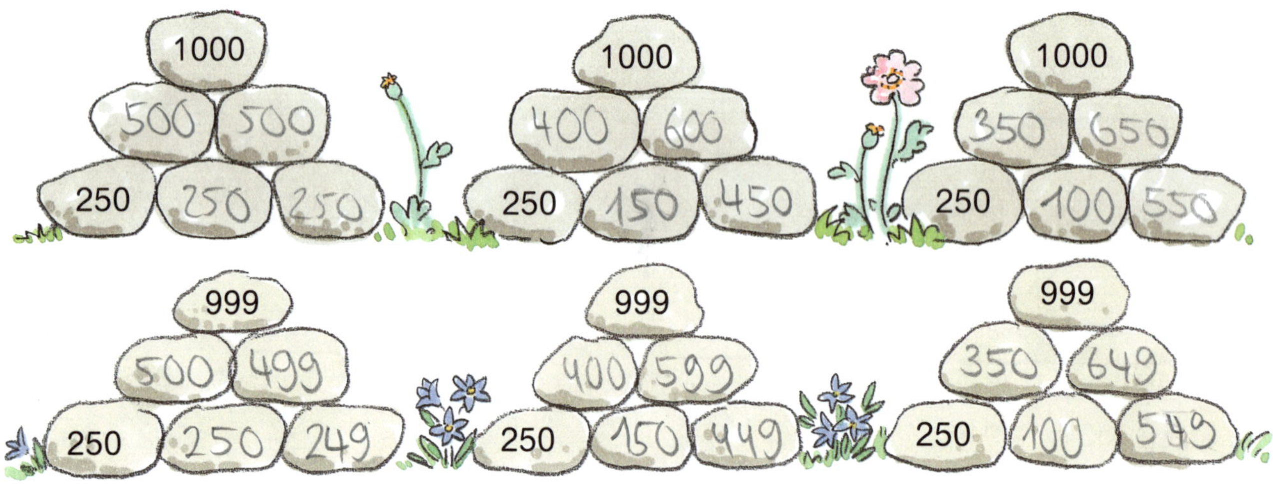

4 Was fällt dir auf?

Die Zahl im oberen Stein ist am größten, wenn unten in der Mitte die größte Zahl steht.

Schriftlich addieren

Datum ____________

zu S. 47

1 Addiere schriftlich.

a)
```
  4 1 2
+ 3 8 5
───────
```
b)
```
  1 4 6
+ 6 5 2
───────
```
c)
```
  5 2 7
+ 1 7 1
───────
```
d)
```
  2 3 5
+ 2 5 1
───────
```
e)
```
  3 1 4
+   7 2
───────
```

2 Schreibe stellengerecht untereinander und addiere schriftlich.

a) 248 + 316 b) 639 + 253 c) 504 + 366 d) 485 + 234 e) 353 + 247

3 Torwandschießen!
Rechne aus und male die Bälle in der passenden Farbe an.

```
  477      593      237      413
+ 286    + 172    + 529    + 352
─────    ─────    ─────    ─────

  621      436      510
+ 142    + 337    + 263
─────    ─────    ─────
```

4 Klecksaufgaben. Welche Ziffern fehlen?

a)
```
  ●48
+16●
  1 1
────
 9●7
```
b)
```
  1●9
+●2●
   1
────
 446
```
c)
```
  46●
+3●6
  1 1
────
 ●02
```
d)
```
  ●●2
+124
  1
────
 90●
```
e)
```
  ●89
+2●5
  1 1
────
 63●
```

5 Ergänze immer so, dass die Summe zwischen 500 und 600 liegt.

a)
```
  3 7 9
+ □ □ □
───────
  □ □ □
```
b)
```
  □ □ □
+ 2 4 8
───────
  □ □ □
```
c)
```
  □ □ □
+ 4 6 1
───────
  □ □ □
```
d)
```
  3 5 2
+ □ □ □
───────
  □ □ □
```
e)
```
  □ □ □
+ 2 3 4
───────
  □ □ □
```

Schriftlich addieren – Überschlagen

Datum

zu S. 49

1 Welcher Überschlag passt? Verbinde erst und rechne dann genau.

Ü: 250 + 400 = ______ | Ü: 500 + 200 = ______

Ü: 600 + 130 = ______ | Ü: 700 + 250 = ______ | Ü: 700 + 100 = ______

a) 249 + 372

b) 583 + 132

c) 725 + 119

d) 692 + 243

e) 475 + 226

2 Überschlage zuerst, rechne dann genau.

a) 428 + 314

Ü:

428 + 314

b) 279 + 485

Ü:

c) 521 + 342

Ü:

d) 187 + 659

Ü:

3 Rechne nur die Aufgaben, deren Summe ...

a) größer als 800 und kleiner als 900 ist.

688 + 192 | 524 + 208 | 485 + 374 | 591 + 432

b) größer als 400 und kleiner als 500 ist.

239 + 82 | 76 + 352 | 271 + 284 | 123 + 348

Schriftlich addieren – Übungen

Datum ____________

zu S. 51

1

185 + 314	499 (S)
412 + 393	
557 + 374	
276 + 258	
147 + 778	
362 + 559	
448 + 384	
675 + 276	
865 + 127	
548 + 388	

Buchstaben: E 507 · I 925 · H 931 · A 992 · M 832 · C 805 · B 951 · S 499 · D 936 · M 921 · W 534 · N 715

Flex ist im S _ _ _ _ _ _ _ _ _.

2 Im Kopf oder schriftlich?

a) 436 + 199 = ______

b) 402 + 176 = ______

c) 427 + 278 = ______

d) 398 + 243 = ______

e) 227 + 635 = ______

f) 536 + 203 = ______

3 Immer zwei Zahlen ergeben 1000. Male sie in der gleichen Farbe an.

510	730	891	696	490	270	109	304

4 Lange Aufgaben.

a)

$$\begin{array}{r} 148960124557809 \\ +\,263905763621057 \\ \hline \end{array}$$

b)

$$\begin{array}{r} 47395068241052796845394502318 24 \\ +\,32841905627945186370415327683 92 \\ \hline \end{array}$$

Schriftlich subtrahieren

Datum

zu S. 54–55

1 Subtrahiere schriftlich.

a)
```
  563
- 231
```
b)
```
  856
- 643
```
c)
```
  698
- 567
```
d)
```
  745
- 524
```

2 Schreibe stellengerecht untereinander und subtrahiere schriftlich.

a) 476 – 248 b) 428 – 79 c) 927 – 569 d) 654 – 368

3 Erkennst du die Regel? Setze fort.

a)
```
  987     876     765
- 222   - 222   -       -       -
```
b)
```
  432     543     654
- 111   - 222   - 3     -       -
```

4 Klecksaufgaben. Welche Ziffern fehlen?

a)
```
  537
- ●●●
  312
```
b)
```
  ●●●
- 574
  224
```
c)
```
  64●
- ●●1
  324
```
d)
```
  ●96
- 2●1
  45●
```
e)
```
  46●
- ●24
  2●1
```

5 Die Differenz ist immer 234. Finde passende Zahlen.

a)
```
  768
- 534
  234
```
b)
```
  □□□
- □□□
  234
```
c)
```
  □□□
- □□□
  234
```
d)
```
  □□□
- □□□
  234
```
e)
```
  □□□
- □□□
  234
```

Schriftlich subtrahieren – Überschlagen

Datum ______

zu S. 56

1 Welcher Überschlag passt? Verbinde erst und rechne dann genau.

Ü: 650 – 200 = ______ | Ü: 800 – 500 = ______

Ü: 300 – 200 = ______ | Ü: 600 – 300 = ______ | Ü: 730 – 500 = ______

a)
```
  2 8 9
– 1 9 2
```
b)
```
  5 9 7
– 2 7 2
```
c)
```
  8 1 9
– 4 8 2
```
d)
```
  6 5 3
– 2 1 8
```
e)
```
  7 2 6
– 4 9 2
```

2 Überschlage zuerst, rechne dann genau.

a) 615 – 183

Ü:
```
  6 1 5
– 1 8 3
```

b) 739 – 375

Ü:

c) 573 – 228

Ü:

d) 847 – 384

Ü:

3 Rechne nur die Aufgaben, deren Differenz größer als 200 und kleiner als 300 ist.

821 – 567 | 572 – 394 | 917 – 584 | 512 – 264

476 – 259 | 613 – 215 | 953 – 447 | 725 – 518

Eine Differenz ist das Ergebnis einer Minusaufgabe.

Schriftlich subtrahieren – Probe

Datum

zu S. 57

1 Hat Flex richtig gerechnet?
Kontrolliere mit der Probe und kreuze richtig (r) oder falsch (f) an.

a)
$$\begin{array}{r} 583 \\ -412 \\ \hline 171 \end{array}$$
r ☐ f ☐

Probe:

b)
$$\begin{array}{r} 927 \\ -569 \\ \hline 348 \end{array}$$
r ☐ f ☐

Probe:

c)
$$\begin{array}{r} 645 \\ -179 \\ \hline 456 \end{array}$$
r ☐ f ☐

Probe:

d)
$$\begin{array}{r} 781 \\ -589 \\ \hline 192 \end{array}$$
r ☐ f ☐

Probe:

e)
$$\begin{array}{r} 327 \\ -\ 58 \\ \hline 269 \end{array}$$
r ☐ f ☐

Probe:

f)
$$\begin{array}{r} 447 \\ -278 \\ \hline 149 \end{array}$$
r ☐ f ☐

Probe:

2 Überschlage erst, subtrahiere schriftlich und rechne dann die Probe.

a) 523 – 258

Ü:

P:

b) 912 – 635

Ü:

P:

c) 618 – 435

Ü:

P:

d) 733 – 576

Ü:

P:

Schriftlich subtrahieren – Übungen

Datum ______

zu S. 60

1

639 − 248	391 (E)
428 − 374	
672 − 194	
718 − 263	
861 − 354	
546 − 261	
923 − 255	
421 − 239	
681 − 326	
567 − 342	

E	507
S	225
E	391
R	668
R	54
E	285
H	371
B	455
F	217
I	355
D	478
E	182

Flo liebt E _ _ _ _ _ _ _ _ _.

2 Im Kopf oder schriftlich?

a) 1000 – 497 = ______

b) 842 – 502 = ______

c) 639 – 453 = ______

d) 317 – 217 = ______

e) 546 – 298 = ______

f) 465 – 287 = ______

3 Lange Aufgaben.

a)

```
  876511984569210
- 300287547812565
```

b)

```
  956874638925071486253478609592
- 614653486704859374762308245371
```

Wiederholung und Vertiefung

Datum ____________

zu S. 4–5

1

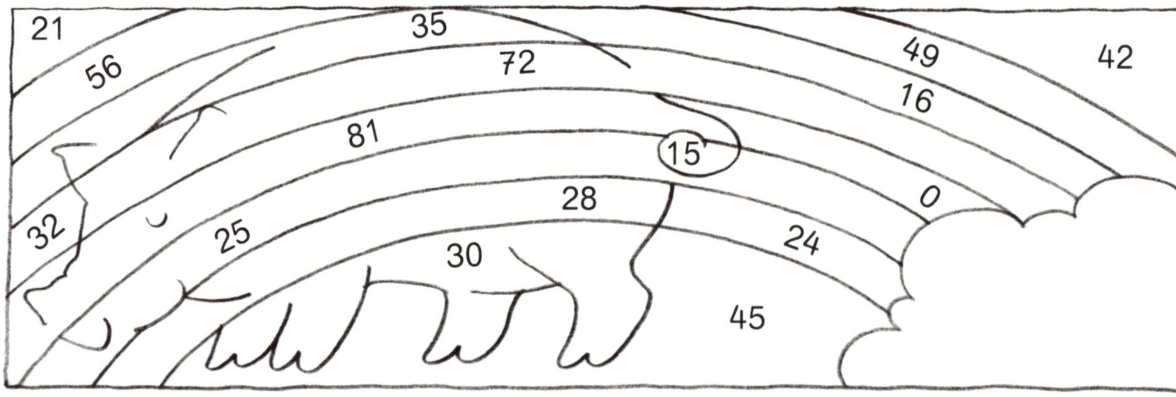

7 · 8 = ____ (rot)	8 · 4 = ____ (gelb)	3 · 5 = ____ (dunkelblau)	9 · 9 = ____ (grün)
0 · 4 = ____ (grün)	7 · 7 = ____ (rot)	5 · 6 = ____ (hellblau)	9 · 8 = ____ (gelb)
2 · 8 = ____ (orange)	5 · 5 = ____ (dunkelblau)	7 · 4 = ____ (lila)	3 · 7 = ____ (hellblau)
4 · 6 = ____ (lila)	7 · 6 = ____ (hellblau)	5 · 9 = ____ (hellblau)	7 · 5 = ____ (orange)

2 Welche Malaufgaben können es sein?

a) b)

3

·	3	6	9
5	15		
4			
7			

·	2		4
	14	35	
8			
1			

·		7	
6	48		18
		63	
		28	

4 Erkennst du die Regel?

a) 4 · 3 = ____
2 · 6 = ____

b) 6 · 2 = ____
3 · 4 = ____

c) 10 · 4 = ____
5 · 8 = ____

d) 4 · 5 = ____
2 · 10 = ____

e) 6 · 4 = ____
3 · ________

f) 8 · 3 = ____
____

g) 8 · 4 = ____
____

h) 2 · 6 = ____
____

Die erste Zahl halbieren, die zweite Zahl ________________.
Das Ergebnis bleibt ______________.

Wiederholung und Vertiefung

Datum ____________

zu S. 6 – 7

1 Male in der richtigen Farbe an.

4, 8, 10

3, 6, 9

2

:	5
15	
25	
45	

:	6
12	
24	
30	

:	7
21	
28	
49	

:	8
16	
	3
	8

:	9
	2
	6
	9

3

a) 90 : ____ = 9
36 : ____ = 9
99 : ____ = 9

b) 28 : ____ = 7
56 : ____ = 7
49 : ____ = 7

c) 50 : ____ = 5
35 : ____ = 5
40 : ____ = 5

d) 16 : ____ = 4
24 : ____ = 4
36 : ____ = 4

4 Hier bleibt immer ein Rest.

a) 13 : 2 = ______
22 : 6 = ______
30 : 4 = ______

b) 40 : 7 = ______
51 : 9 = ______
29 : 3 = ______

c) 36 : 5 = ______
47 : 6 = ______
57 : 7 = ______

5 Male in der richtigen Farbe an. Rest 1 Rest 2 Rest 3 Rest 4

6 Durch welche Zahl wurde geteilt?

a) 17 : <u>3</u> = 5 R 2
33 : ____ = 8 R 1

b) 25 : ____ = 4 R 1
38 : ____ = 6 R 2

c) 22 : ____ = 2 R 2
43 : ____ = 8 R 3

d) 44 : ____ = 4 R 4
50 : ____ = 7 R 1

Punktrechnung und Strichrechnung
Ungleichungen und Gleichungen

Datum ____________

zu S. 11 – 12

1 Schreibe die passende Gleichung auf und rechne.

a) Multipliziere 4 mit 5 und addiere 36. $4 \cdot 5 + 36$ $20 + 36 = 56$

b) Dividiere 72 durch 8 und addiere 51. ________ ________

c) Multipliziere 9 mit 10 und subtrahiere 45. ________ ________

d) Dividiere 100 durch 2 und subtrahiere 25. ________ ________

e) Addiere das Produkt aus 6 und 10 und das Produkt aus 8 und 5.

________ ________

2

a) $5 \cdot 6 + 15 = 30 + 15 =$ ________
$78 - 3 \cdot 2 =$ ________
$60 : 2 - 12 =$ ________
$49 + 7 \cdot 4 =$ ________

b) $27 + 3 \cdot 7 =$ ________
$56 : 7 - 6 =$ ________
$6 \cdot 3 + 19 =$ ________
$41 - 9 : 3 =$ ________

3

a) $7 \cdot 4 + 8 \cdot 3 = 28 + 24 =$ ________
$9 : 3 + 7 \cdot 5 =$ ________
$8 \cdot 10 - 64 : 8 =$ ________

b) $98 - 3 \cdot 9 + 5 = 98 - 27 + 5 =$ ________
$54 + 14 : 7 - 6 =$ ________
$65 - 20 : 2 + 24 =$ ________

4 Welches ist die größte Zahl, die du einsetzen kannst?

a) $6 \cdot \_\_\_ < 49$ b) $8 \cdot \_\_\_ < 64$ c) $\_\_\_ \cdot 8 < 45$ d) $\_\_\_ \cdot 9 < 81$

5 Welches ist die kleinste Zahl, die du einsetzen kannst?

a) $5 \cdot \_\_\_ > 25$ b) $4 \cdot \_\_\_ > 35$ c) $\_\_\_ \cdot 6 > 40$ d) $\_\_\_ \cdot 9 > 27$

6 Kleiner, größer oder gleich? Setze ein: (<), (>), (=)

a) $8 \cdot 3 \bigcirc 4 \cdot 3$ b) $5 \cdot 6 \bigcirc 6 \cdot 5$ c) $18 : 3 \bigcirc 21 : 3$ d) $12 : 2 \bigcirc 12 : 6$

$7 \cdot 9 \bigcirc 8 \cdot 9$ $9 \cdot 7 \bigcirc 8 \cdot 7$ $48 : 6 \bigcirc 42 : 6$ $24 : 6 \bigcirc 24 : 4$

Multiplizieren mit Zehnerzahlen

Datum ______

zu S. 14–15

1 Wie viele gelbe Perlen sind es?

a) 3 Tüten ______ Perlen
b) 5 Tüten ______ Perlen
c) 8 Tüten ______ Perlen

2 Wie viele rote Perlen sind es?

a) 4 Tüten ______ Perlen
b) 6 Tüten ______ Perlen
c) 9 Tüten ______ Perlen

3 Wie viele blaue Perlen sind es?

a) 2 Tüten ______ Perlen b) 7 Tüten ______ Perlen c) 10 Tüten ______ Perlen

4 Flo stellt Armbänder her. Für jedes Armband braucht er 30 gelbe Perlen.

a) 3 Armbänder ______ Perlen b) 5 Armbänder ______ Perlen
c) 9 Armbänder ______ Perlen d) 7 Armbänder ______ Perlen

5 Flex braucht für ein Armband 20 gelbe und 5 blaue Perlen.

a) 4 Armbänder ______ Perlen b) 6 Armbänder ______ Perlen

$4 \cdot 20 = 80$
$4 \cdot 5 =$
$80 +$

6 Flex nimmt für ein Armband 20 rote Perlen. Wie viele Tüten braucht er?

a) 4 Armbänder ______ Tüten b) 9 Armbänder ______ Tüten

7

·	20	60	80
2			
4			
8			

·	30	70	90
3			
6			
9			

·		30	50
		210	
5	200		
			400

Dividieren durch Zehnerzahlen und Einer

_______________ Datum

zu S. 16–17

1
a) 28 : 4 = ___ b) 42 : 7 = ___ c) 45 : 5 = ___ d) ___ : ___ = ___
280 : 40 = ___ 420 : 70 = ___ ___ : ___ = ___ 720 : 90 = ___

2
a) 320 : 80 = 4, denn 4 · 80 = 320 b) 250 : 50 = ___, denn ___
600 : 60 = ___, denn ___ 360 : 40 = ___, denn ___
180 : 20 = ___, denn ___ 490 : 70 = ___, denn ___

3
a) 240 : 30 = ___ b) ___ : 40 = 9 c) 150 : ___ = 5 d) 350 : ___ = 5
640 : 80 = ___ ___ : 30 = 8 560 : ___ = 7 ___ : 30 = 7

4
a) 250 : 40 = 6 R 10 b) 130 : 20 = ___ c) 410 : 80 = ___
290 : 30 = ___ 190 : 50 = ___ 350 : 60 = ___

5
a) 24 : 4 = ___ b) 35 : 5 = ___ c) 27 : 9 = ___ d) ___ : ___ = ___
240 : 4 = ___ 350 : 5 = ___ ___ : ___ = ___ 480 : 8 = ___

6 Färbe Karten mit dem gleichen Ergebnis mit der gleichen Farbe.

210 : 3 | 160 : 4 | 420 : 6 | 250 : 5 | 120 : 2
350 : 7 | 240 : 8 | 300 : 5 | 360 : 9 | 270 : 9

7 Verbinde die Ergebniszahlen der Reihe nach.

a) 640 : 8 – 40 = ___
b) 250 : 5 – 25 = ___
c) 120 : 6 – 10 = ___
d) 420 : 7 – 30 = ___
e) 810 : 9 – 45 = ___

f) 300 : 10 + 20 = ___
g) 400 : 80 + 15 = ___
h) 350 : 70 + 50 = ___
i) 150 : 30 + 10 = ___
j) 200 : 40 + 30 = ___

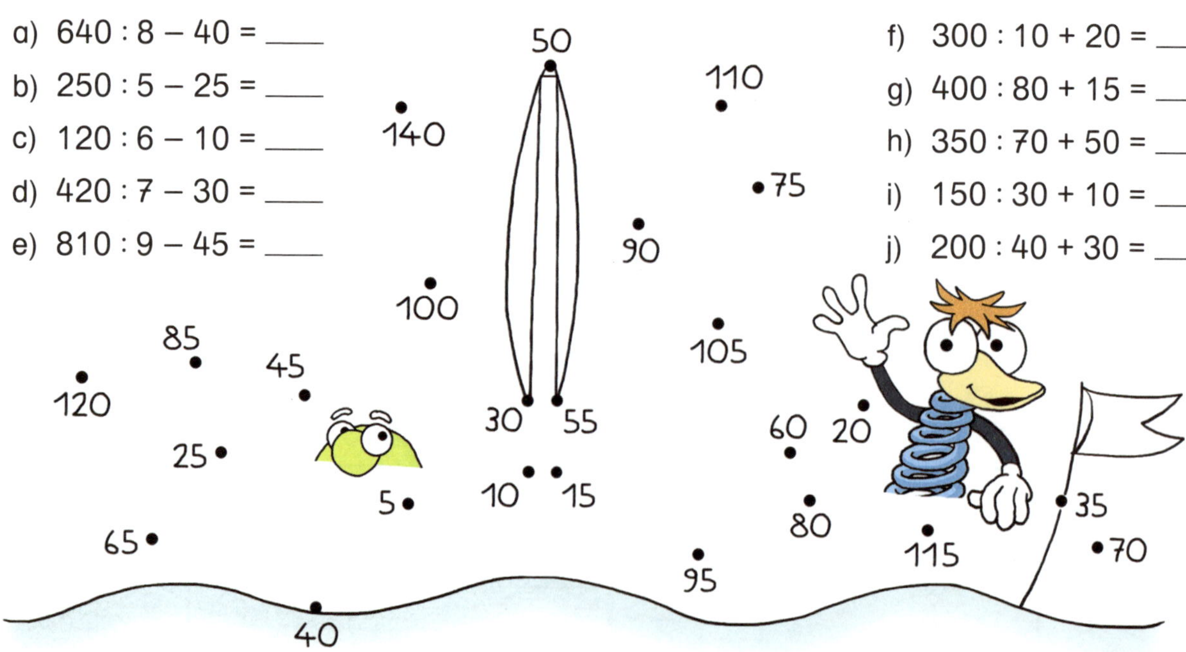

Kettenaufgaben

Datum

zu S. 18

1 Mit welcher Zahl muss multipliziert, durch welche Zahl dividiert werden?

a) 5 —· 30→ 150 b) 420 ——→ 7

c) 120 ——→ 60 d) 160 ——→ 16

e) 70 ——→ 560 f) 90 ——→ 720

2 a) 5 —· 8→ ____ —: 10→ ____ —· 80→ ____ —: 40→ ____ —· 5→ ____

b) 320 —: 8→ ____ —: 2→ ____ —· 10→ ____ —: 2→ ____ —· 5→ ____

3 a) 280 —: 7→ ____ ——→ ____ —: 20→ 8 —· 30→ ____ —: 6→ 40

b) 180 ——→ ____ —· 10→ 200 —: 40→ ____ ——→ ____ —· 2→ 1000

4 Wie heißt die Zahl? Löse mit einer Kettenaufgabe.

a) Multipliziere die Zahl mit 5. Dividiere das Ergebnis durch 4, dann multipliziere mit 6. Du erhältst 300.

b) Dividiere die Zahl durch 8. Multipliziere das Ergebnis mit 3, dann dividiere durch 60. Du erhältst 4.

c) Multipliziere die Zahl mit 50. Addiere dann 10, dividiere durch 4 und multipliziere mit 3. Du erhältst 270.

a)

b)

c)

5 Löse die Kettenaufgaben. Du darfst die Rechenzeichen (·), (:), (+) und (−) verwenden.

a) 40 ——→ ____ ——→ ____ ——→ ____ ——→ ____ ——→ 20

b) 8 ——→ ____ ——→ ____ ——→ 40 ——→ ____ ——→ 6

c) 10 ——→ ____ ——→ ____ ——→ ____ ——→ ____ ——→ 1

Halbschriftlich multiplizieren

Datum ____________

zu S. 19

1 Rechne in Schritten.

a) 6 · 16 =
6 · 10 = 60
6 · 6 = 36

b) 8 · 19 =

c) 7 · 18 =

d) 5 · 24 =

e) 6 · 28 =

f) 8 · 23 =

g) 4 · 57 =

h) 6 · 95 =

i) 3 · 89 =

2 Klecksaufgaben. Welche Ziffern fehlen?

a)
8 · 1● = ●●●
8 · 10 = ●●
8 · ● = 40

b)
4 · 1● = ●●
4 · 10 = ●●
4 · ● = 36

c)
6 · 1● = ●●●
6 · 10 = ●●
6 · ● = 42

d)
7 · 1● = ●●●
7 · 10 = ●●
7 · ● = 35

e)
2● · 7 = ●●●
20 · 7 = ●●●
● · 7 = 21

f)
2● · 8 = ●●●
20 · 8 = ●●●
● · 8 = 40

g)
●1 · 6 = ●●●
●● · 6 = 120
1 · 6 = ●

3

a) 8 · 16 = 80 + 48 = 128
5 · 23 = ____________
7 · 26 = ____________
9 · 27 = ____________

b) 4 · 45 = ____________
7 · 32 = ____________
4 · 48 = ____________
6 · 54 = ____________

4

a)

·	10	6	
7			

b)

·	10	4	
9			

c)

·	10	7	
8			

d)

·	10	3	
4			

e)

·	10	5	
8			

f)

·	10	6	
6			

g)

·	20	4	
5			

h)

·	30	2	
7			

i)

·	20	5	
9			

Halbschriftlich multiplizieren

Datum ____________

zu S. 20 – 21

1 Rechne auf deinem Weg.

a) 23 · 4 b) 53 · 8 c) 36 · 8

d) 76 · 4 e) 55 · 7 f) 93 · 6

2 Wie viel Geld ist es? Rechne auf deinem Weg.

a) 

3 · 206 € =

b) 

3 a) 6 · 108 b) 4 · 240 c) 5 · 180

4 Malaufgaben mit Trick! Rechne im Kopf.

a)
2 · 29 · 5 = 290
5 · 89 · 2 = ______
9 · 4 · 5 = ______
5 · 7 · 4 = ______
5 · 8 · 7 = ______
6 · 9 · 5 = ______
9 · 8 · 5 = ______

b)
4 · 8 · 25 = ______
25 · 9 · 4 = ______
50 · 7 · 2 = ______
9 · 2 · 50 = ______
35 · 2 · 8 = ______
2 · 8 · 25 = ______
35 · 6 · 2 = ______

Vielfache, Teiler, Teilbarkeit

zu S. 23 – 25

Datum ____________

1 Aufgepasst! Streiche alle Zahlen durch, die keine Vielfachen sind.

a) Vielfache von 3: 3 15 14 12 20 21 30 33 19

b) Vielfache von 6: 42 18 20 24 32 60 54 52 30

2 Schreibe die ersten 10 Vielfachen dieser Zahlen auf.
Welche Vielfache haben die beiden Zahlen gemeinsam? Kreise ein.

Vielfache von 4: ______________________________

Vielfache von 6: ______________________________

3 Wie heißen die gesuchten Zahlen?

a) das Siebenfache von 10 ______
b) das Achtfache von 50 ______
c) das Dreifache von 100 ______
d) das Einfache von 27 ______
e) das Vierfache von 5 ______
f) das Zehnfache von 27 ______

4 Aufgepasst! Streiche alle Zahlen durch, die keine Teiler sind.

a) Teiler von 12: 1 2 3 4 5 6 12

b) Teiler von 15: 1 2 3 5 6 15

c) Teiler von 30: 1 2 3 4 5 6 7 8 10 11 13 15 30

5 a) Welchen Teiler außer 1 haben die Zahlen 21, 35, 49 gemeinsam? ______

b) Welchen Teiler außer 1 haben die Zahlen 25, 30, 45 gemeinsam? ______

6 Male alle Felder rot an, deren Zahlen durch 2, durch 5 oder durch 10 teilbar sind.

51	60	955	212	509	656	553	101	17	76	190	140	999
803	324	11	803	627	14	641	37	763	816	97	742	13
777	20	330	8	593	900	109	3	299	705	891	908	759
9	118	509	91	881	415	43	9	303	38	13	75	713
201	86	203	7	99	782	44	995	977	302	755	64	79

7 Was stimmt? Kreuze an.

☐ Das Doppelte von 15 ist durch 2 teilbar.
☐ Die Hälfte von 48 ist durch 5 teilbar.
☐ Das Achtfache von 5 ist durch 10 teilbar.
☐ Der neunte Teil von 72 ist durch 2 teilbar.

Halbschriftlich dividieren ohne Rest

Datum

zu S. 26

1 Dividiere wie Flex und rechne auch die Probe.

a)

56 : 4 = 14
40 : 4 = 10
16 : 4 = 4

Probe:

14 · 4 =
10 · 4 =
4 · 4 =

b)

64 : 4 =

Probe:

c)

72 : 4 =

Probe:

d)

60 : 4 =

Probe:

e)

76 : 4 =

Probe:

2

a) 57 : 3 =

b) 91 : 7 =

c) 85 : 5 =

d) 78 : 6 =

e) 98 : 7 =

f) 96 : 8 =

3 Rechne wie Flo in 2 Schritten.

a)

96 : 3 = 32
90 : 3 = 30
6 : 3 = 2

b) 88 : 4 =

c) 75 : 3 =

d) 108 : 4 =

e) 115 : 5 =

Halbschriftlich dividieren ohne Rest

Datum ____________

zu S. 27

1

a)
224 : 4 = 56
200 : 4 = 50
 24 : 4 = 6

b) 328 : 4 =

c) 469 : 7 =

d) 192 : 6 =

e) 272 : 8 =

f) 315 : 9 =

g) 497 : 7 =

h) 435 : 5 =

2 Klecksaufgaben. Welche Ziffern fehlen?

a)
399 : ● = ●●
350 : ● = 50
●● : ● = ●

b)
144 : ● = ●●
120 : ● = 40
●● : ● = ●

c)
576 : ● = ●●
540 : ● = 60
●● : ● = ●

d)
336 : ● = ●●
●●● : 4 = 80
●● : 4 = ●

e)
516 : ● = ●●
●●● : 6 = 80
●● : 6 = ●

f)
456 : ● = ●●
●●● : 8 = 50
●● : 8 = ●

3 Rechne im Kopf.

a)
560 : 8 = ____
568 : 8 = ____
576 : 8 = ____
584 : 8 = ____
592 : 8 = ____
600 : 8 = ____

b)
360 : 6 = ____
354 : 6 = ____
348 : 6 = ____
342 : 6 = ____
336 : 6 = ____
330 : 6 = ____

c)
420 : 6 = ____
426 : 6 = ____
432 : 6 = ____
438 : 6 = ____
444 : 6 = ____
450 : 6 = ____

d)
500 : 5 = ____
495 : 5 = ____
____
____
____
____

Halbschriftlich dividieren mit Rest

Datum ____________

zu S. 28

1 Dividiere wie Flo und rechne auch die Probe.

a)
75 : 6 = 12 R 3
60 : 6 = 10
12 : 6 = 2 R 3
3

Probe:

12 · 6 = 72
10 · 6 = 60
2 · 6 = 12

72 + 3 = 75

b)
73 : 3 =

Probe:

c)
86 : 3 =

Probe:

d)
97 : 4 =

Probe:

e)
87 : 6 =

Probe:

2 Klecksaufgaben. Welche Ziffern fehlen?

a)
457 : 6 = __ R _
___ : 6 = 70
36 : 6 = _
1

b)
___ : 5 = __ R _
___ : 5 = 80
5 : 5 = 1
3

c)
___ : 8 = __ R _
___ : 8 = 80
48 : 8 = _
4

3 Wie heißt die Zahl?

Dividiere die Zahl durch 3 und du erhältst 37 Rest 1.

______

Wahrnehmung

Datum

zu S. 6

1 Immer zwei Teile ergeben zusammen ein Rechteck.
Male passende Teile in der gleichen Farbe an.

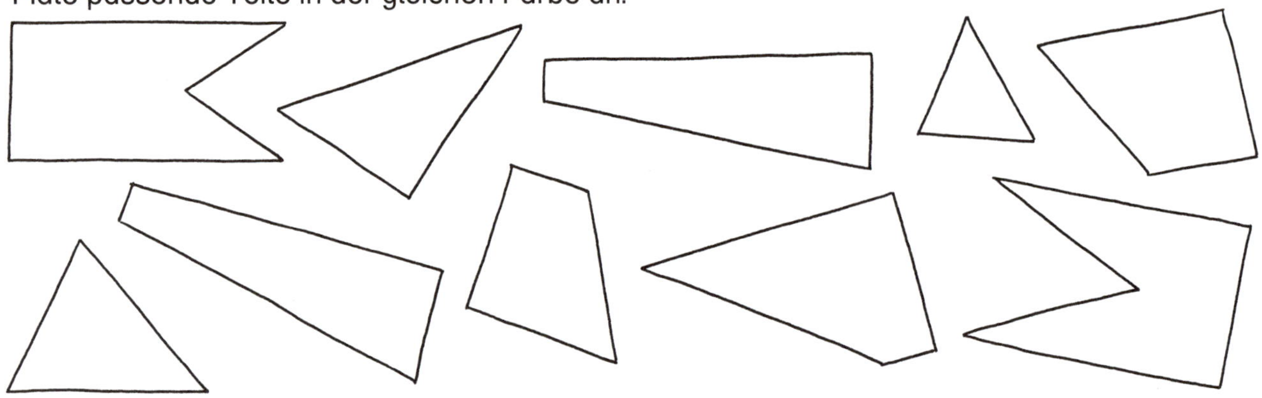

2 Welches Teil passt in die Lücke? Kreuze an.

a)

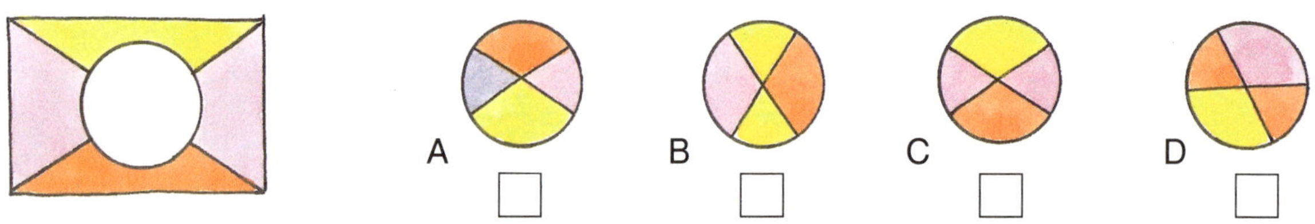

b)

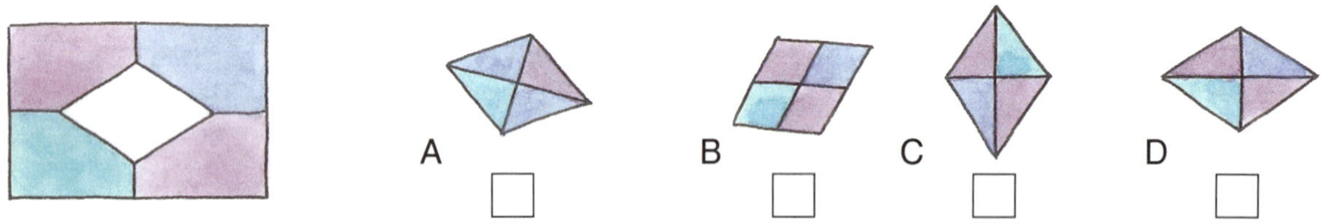

3 Zeichne das Muster weiter.

a)

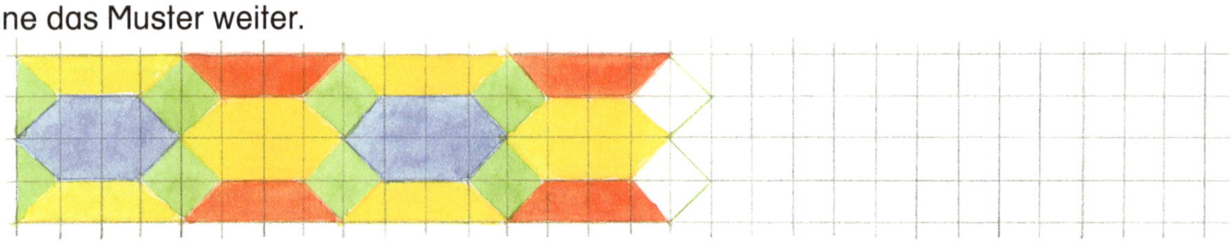

b)

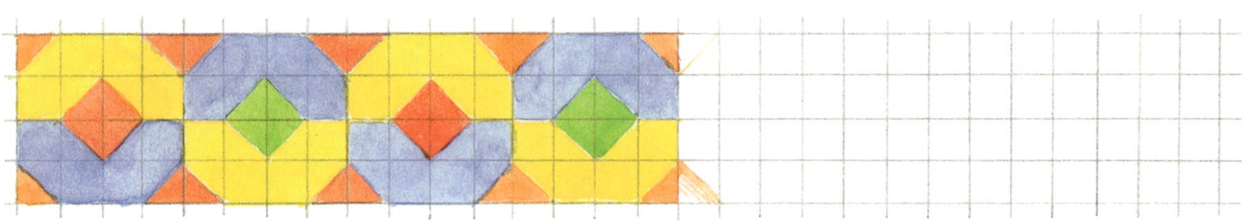

4 Welches Teil passt nicht in die Reihe? Streiche durch.

a)

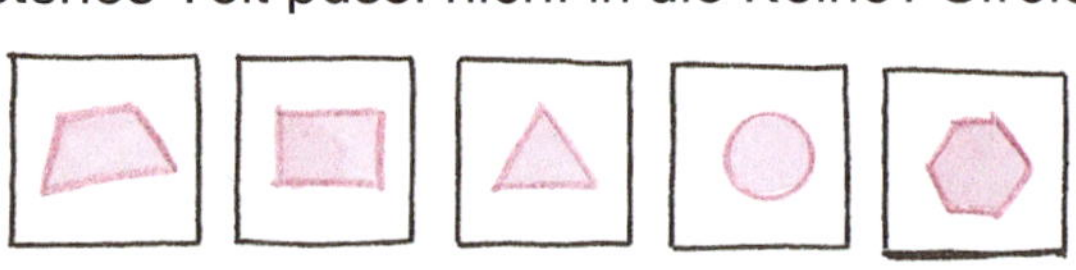

A B C D E

b)

A B C D E

c)

A B C D E

d)

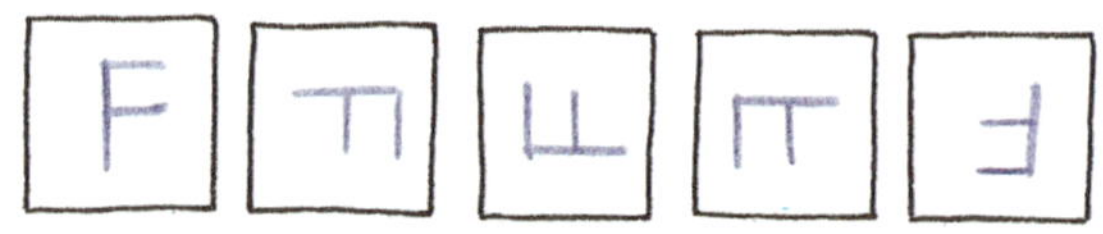

A B C D E

Freihandzeichnen

zu S. 7

Datum

1 Zeichne die Figuren.

a)

b)

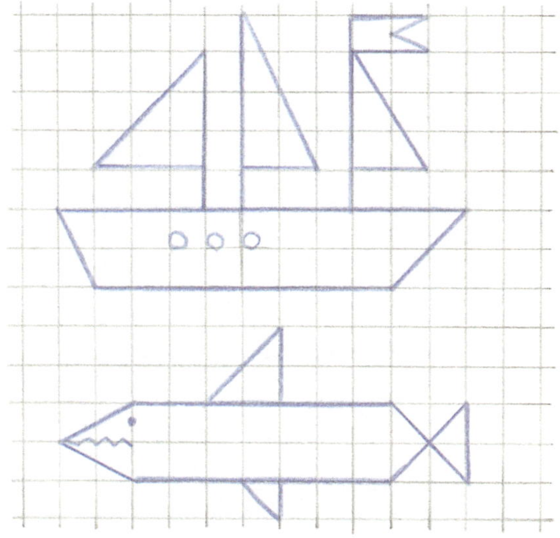

2 Übertrage das Wort in das Karoraster.

Körper

zu S. 8–9

Datum ______________

1 Male die Körper an.

Würfel — Quader — Kugel

Zylinder — Pyramide — Kegel

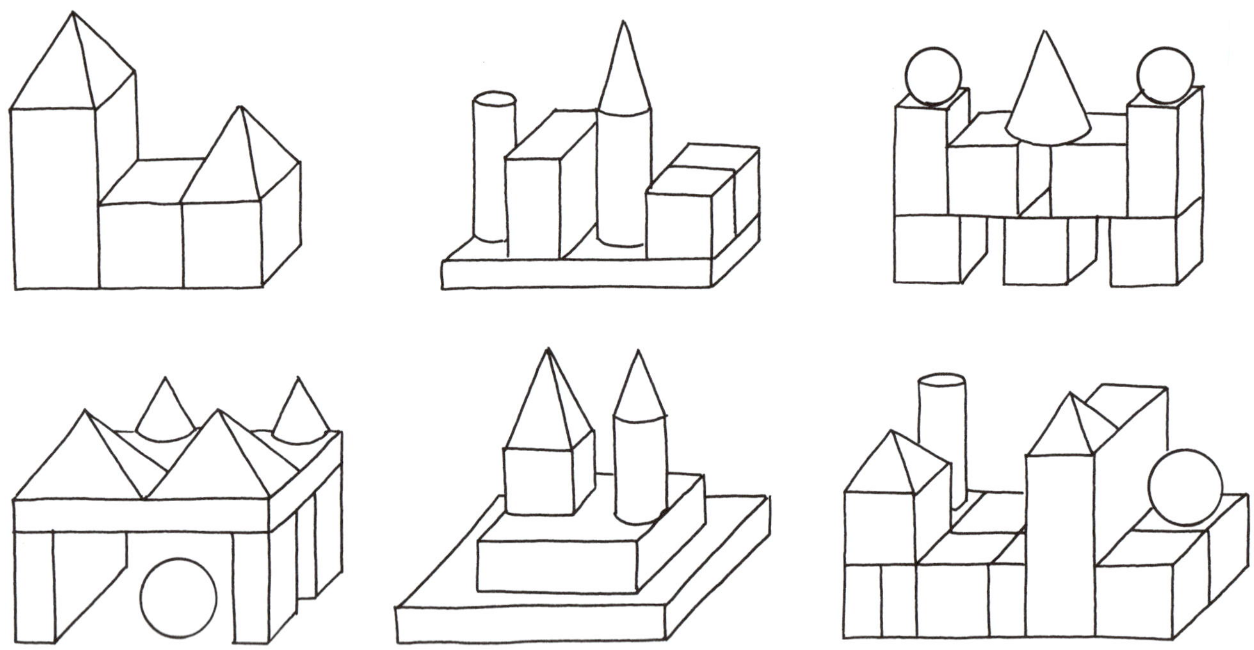

2 Welcher Körper ist es?

a) Alle 6 Flächen sind Quadrate. ______________

b) Er hat 3 Flächen und keine Ecken. ______________

c) Er hat 2 Flächen. ______________

3 Immer zwei Teile ergeben einen Quader. Male passende Teile in der gleichen Farbe an.

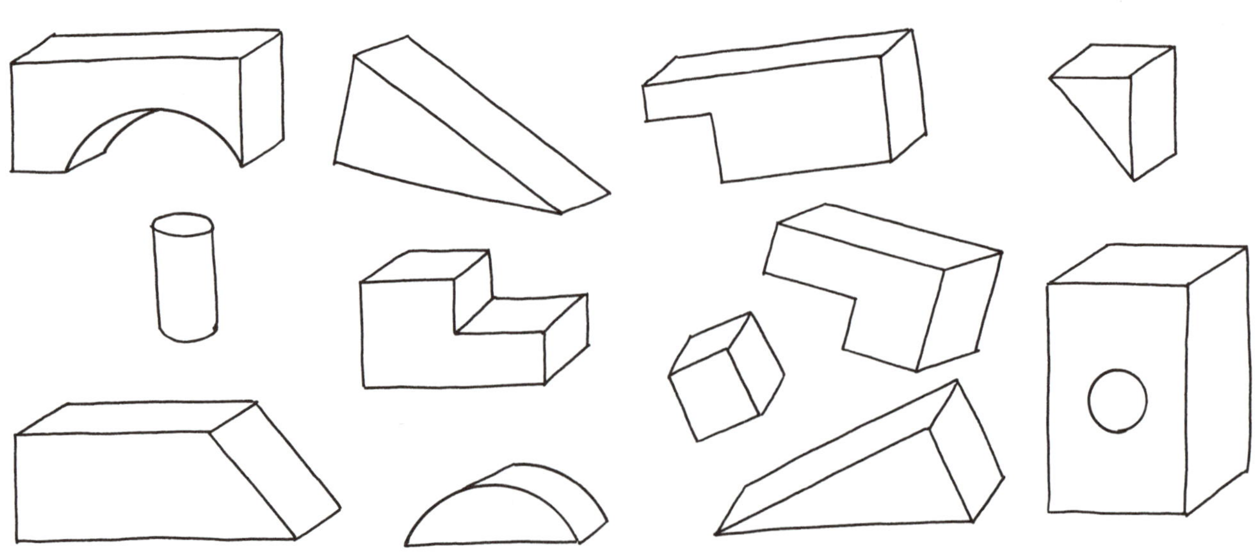

Würfelnetze

zu S. 10–11

Datum

1 Welche Netze lassen sich zu einem Würfel zusammensetzen? Kreuze an.

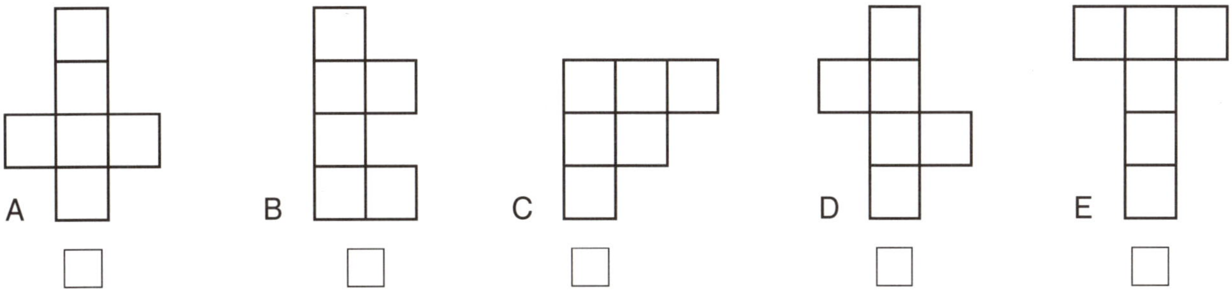

2 a) Hier fehlt etwas! Ergänze die fehlende Fläche.
b) Welche Flächen liegen sich nach dem Zusammenfalten gegenüber?
Male sie in der gleichen Farbe an.

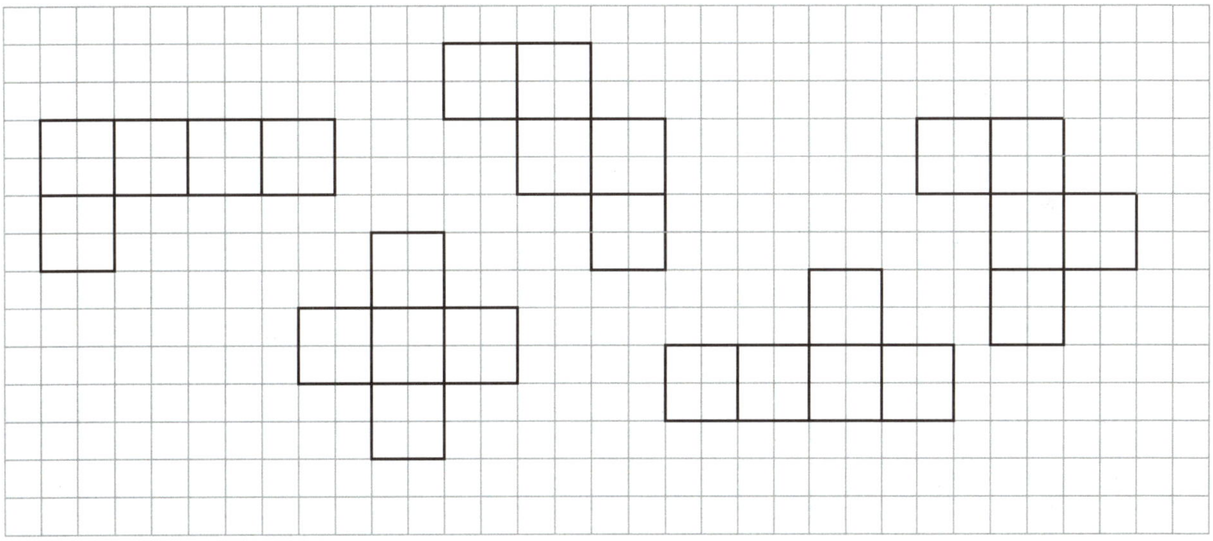

3 Flo hat einen Würfel zur Hälfte in rote Farbe getaucht.
Färbe die Netze entsprechend.

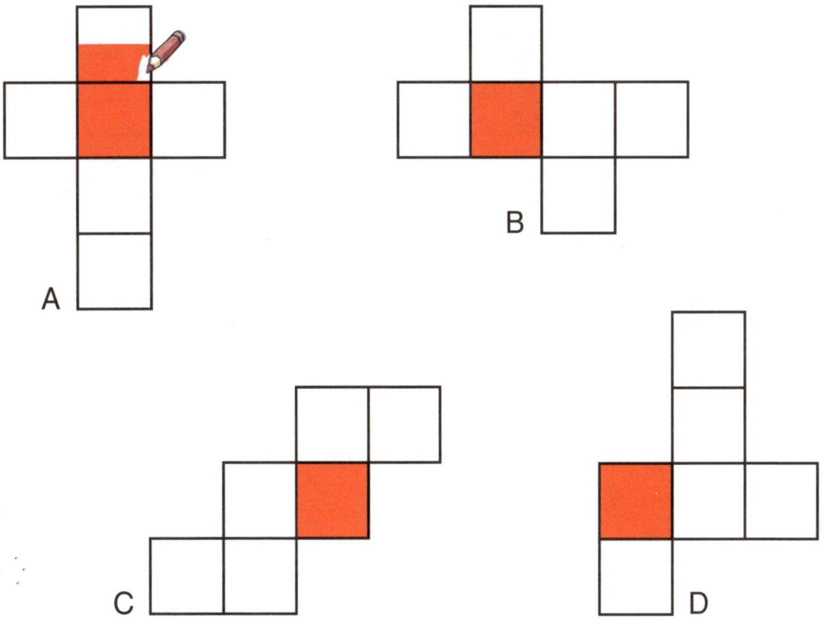

Würfelnetze, Würfel zeichnen

zu S. 10–13

Datum ____________

1 Trage die fehlenden Würfelbilder ein.

a) 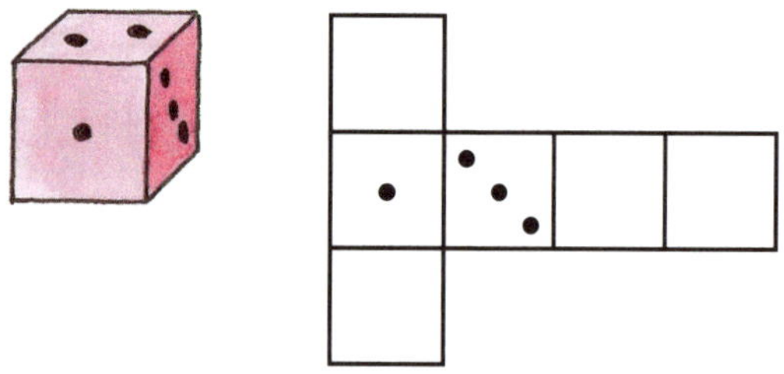

b) 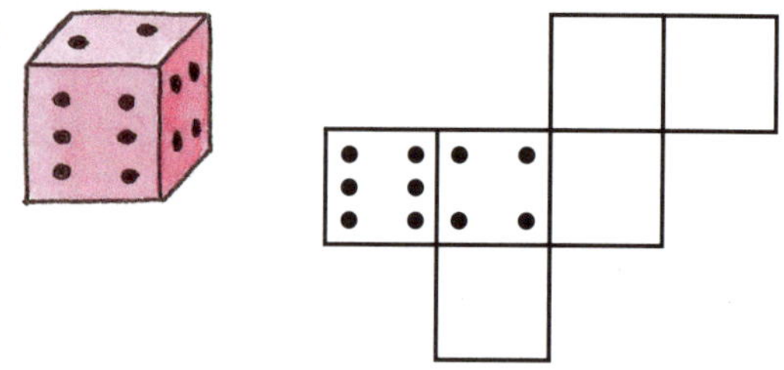

c) 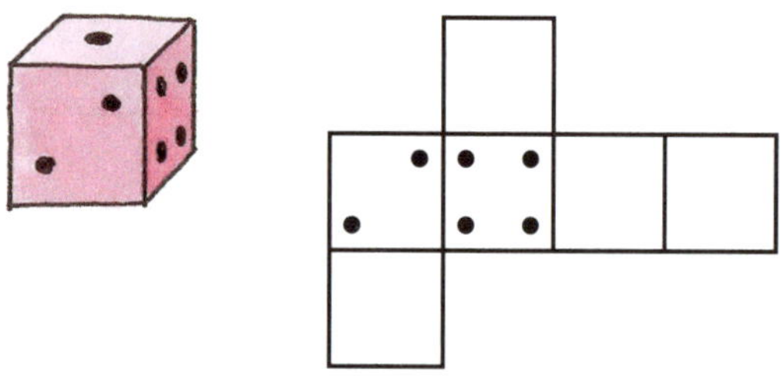

d) 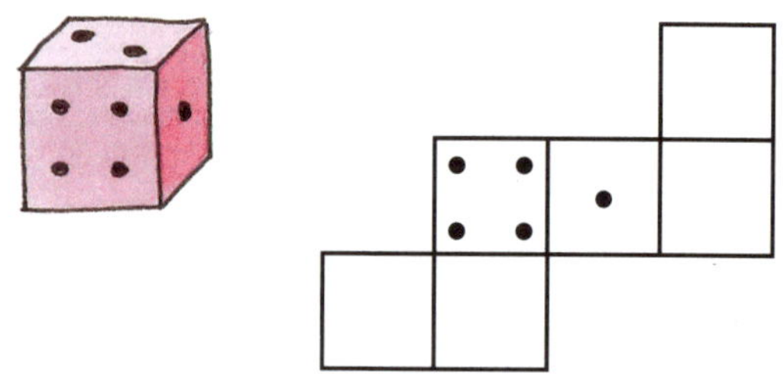

2 Welche Zahl liegt oben, wenn du den Würfel wie angegeben kippst?

a) 

einmal nach vorn

b) 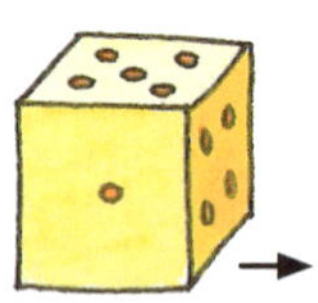

einmal nach rechts

c) 

einmal nach hinten

und

einmal nach rechts

d) 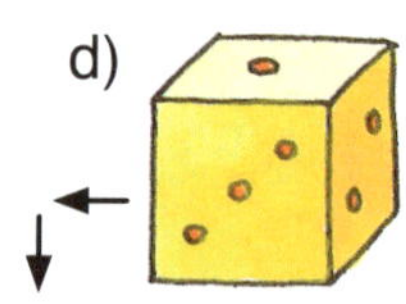

einmal nach links

und

einmal nach vorn

3 Hier fehlt etwas! Zeichne die fehlenden Kanten ein.

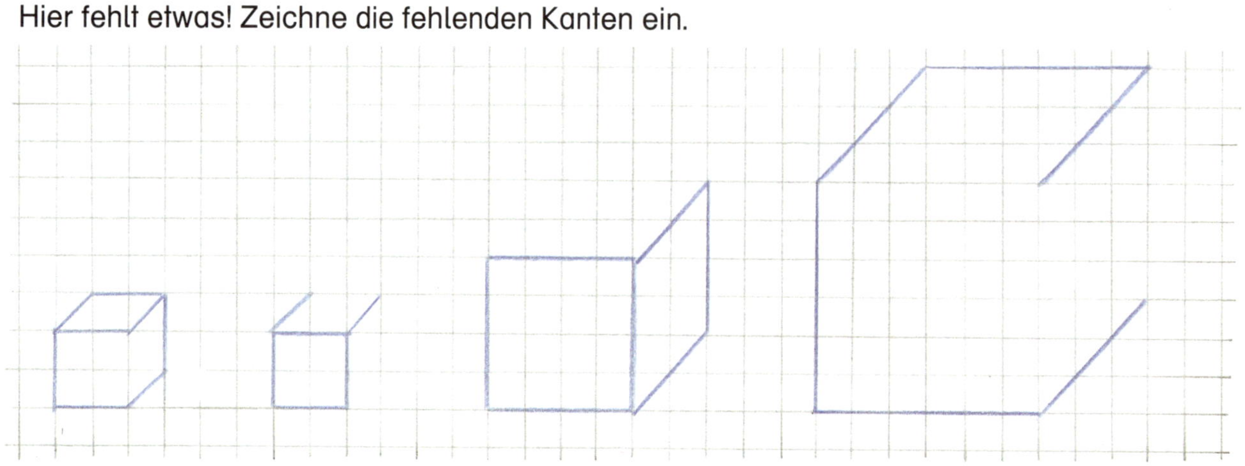

Würfelgebäude und Baupläne

Datum: ____________

zu S. 14–15

1 Schreibe die Baupläne auf.

a)

b)

c)
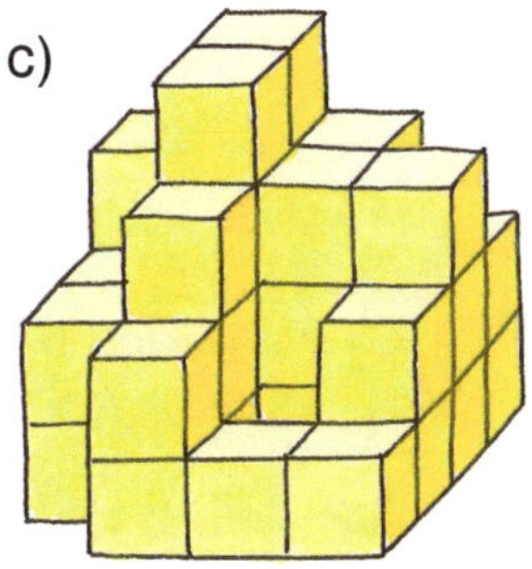

d)
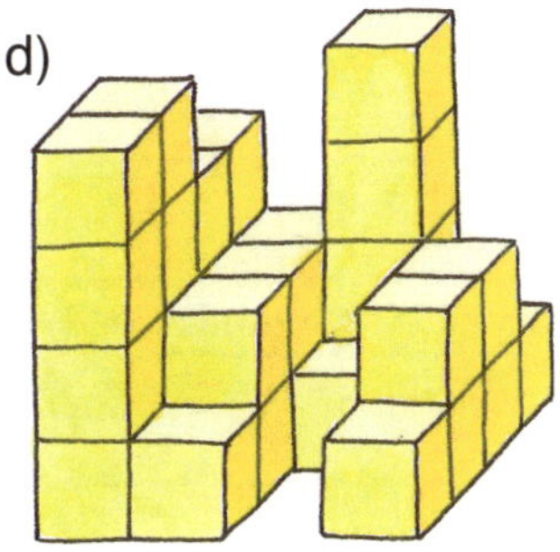

2 Wie viele Würfel sind es?

a)

_____ Würfel

b)

_____ Würfel

c)
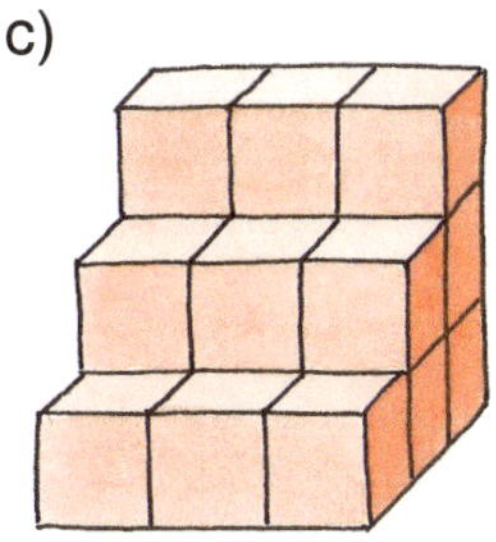

_____ Würfel

d)

_____ Würfel

3 Wie viele Würfel passen in die Kiste?
Wie viele Würfel fehlen noch?

a)

_____ Würfel passen in die Kiste.

_____ Würfel fehlen noch.

b)
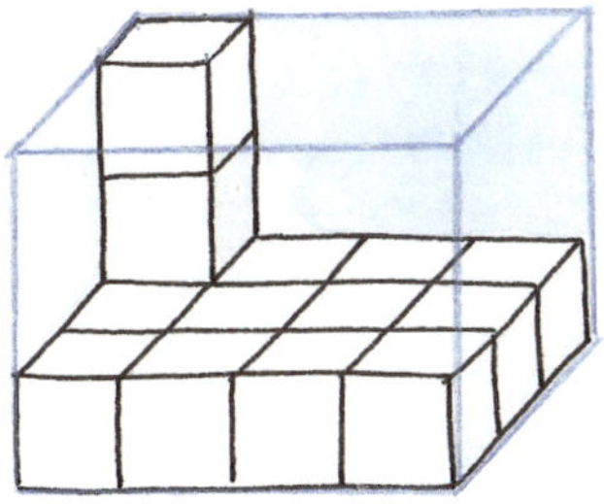

_____ Würfel passen in die Kiste.

_____ Würfel fehlen noch.

c)
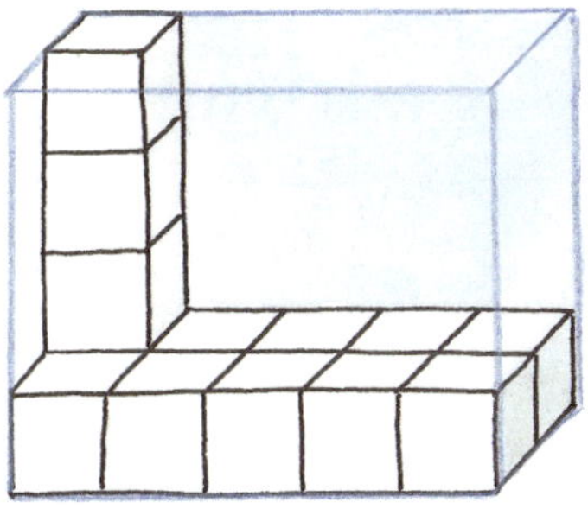

_____ Würfel passen in die Kiste.

_____ Würfel fehlen noch.

Ansichten

zu S. 16 – 17

Datum ______________

1 Von welcher Seite wurde das Gebäude gezeichnet?

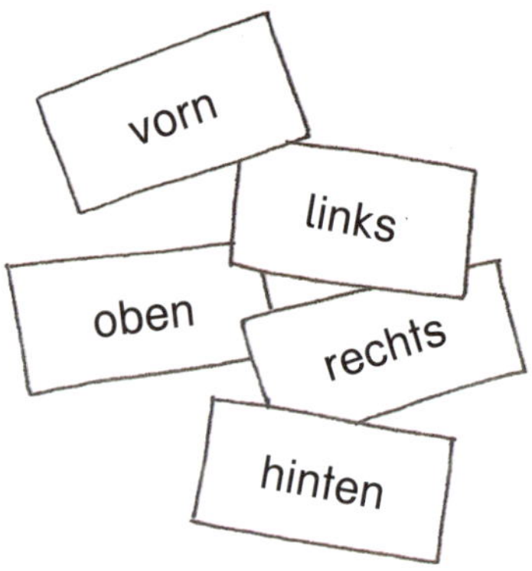

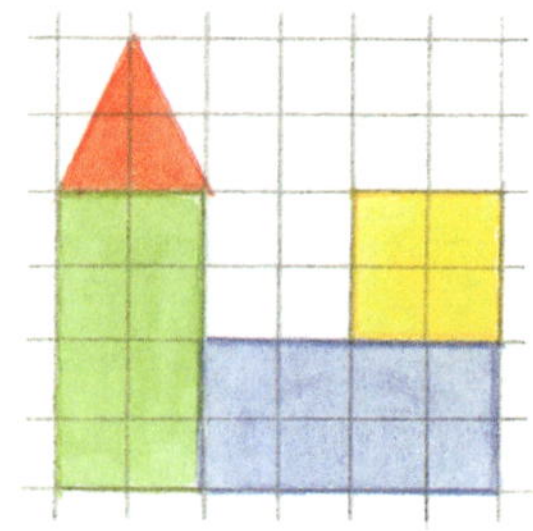

von ______________

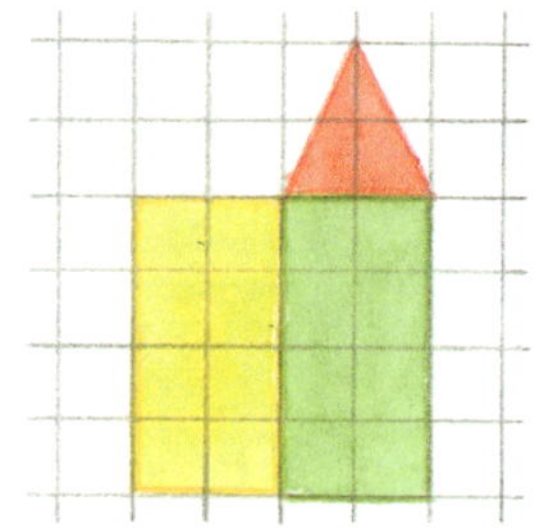

____

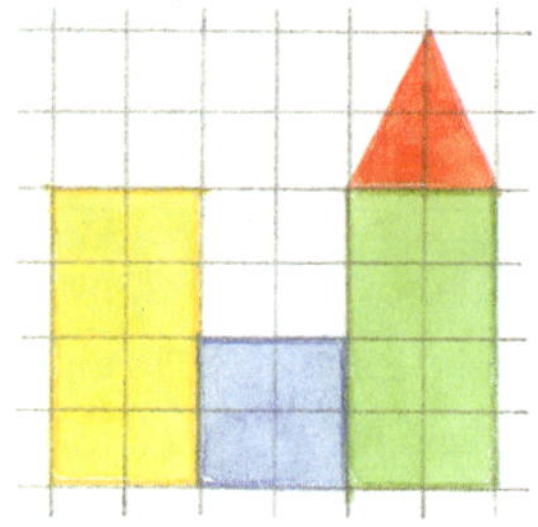

____

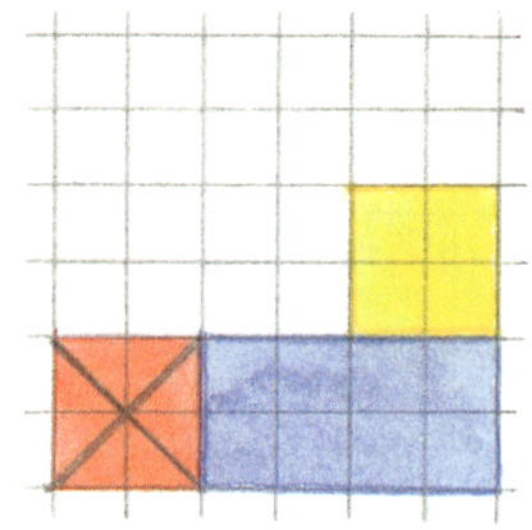

____

2 Zeichne zu den Gebäuden die Ansichten.

a)

von vorn | von rechts | von links

b)

von vorn | von oben | von hinten

c)

von links | von rechts | von hinten

Orientieren auf Plänen

zu S. 18 – 19

Datum ____________

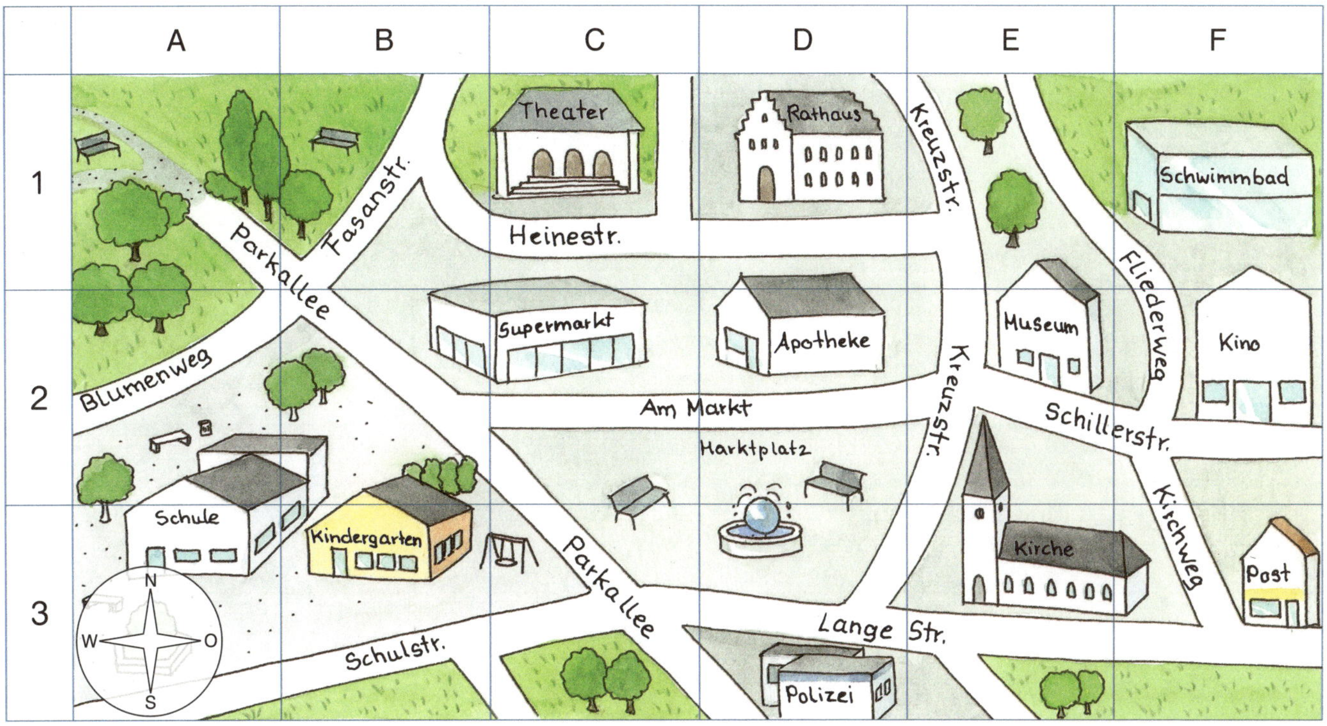

1 Welche Felder sind abgebildet?

a) 

A1

b) 

E2

c) 

D1

d) 

F3

e) 

B3

2 Schreibe den kürzesten Weg auf.

a) Vom Park zum Kino

Parkallee – Am Markt – Schillerstraße

b) Vom Rathaus zur Post

Kreuzstraße – Schillerstraße – Kirchweg

c) Vom Schwimmbad zum Park

Fliederweg – Schillerstr. – Am Markt – Parkallee

d) Von der Schule zum Museum

Schulstr. – Lange Str. – Kreuzstr. – Schillerstr

3 Was stimmt? Kreuze an.

- ☐ Das Kino liegt nördlich vom Museum.
- ☐ Die Post liegt südlich vom Kino.
- ☐ Der Park liegt östlich vom Theater.
- ☐ Die Kirche liegt westlich vom Kindergarten.
- ☐ Der Supermarkt liegt westlich vom Museum.
- ☐ Das Rathaus liegt nördlich von der Apotheke.

Flächen zeichnen

Datum

zu S. 22

1 Ergänze zu einem Quadrat.

a) 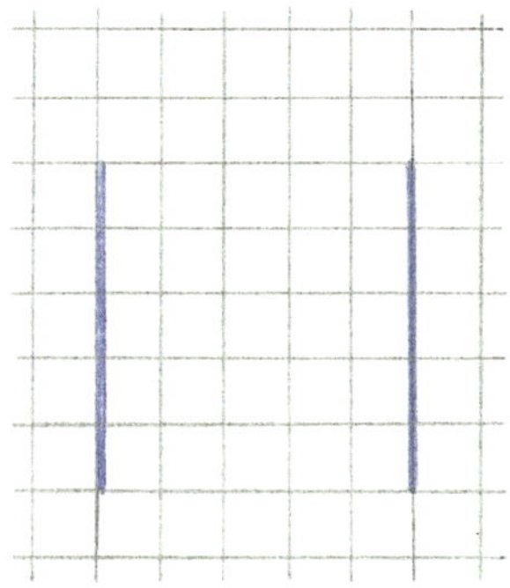 b) 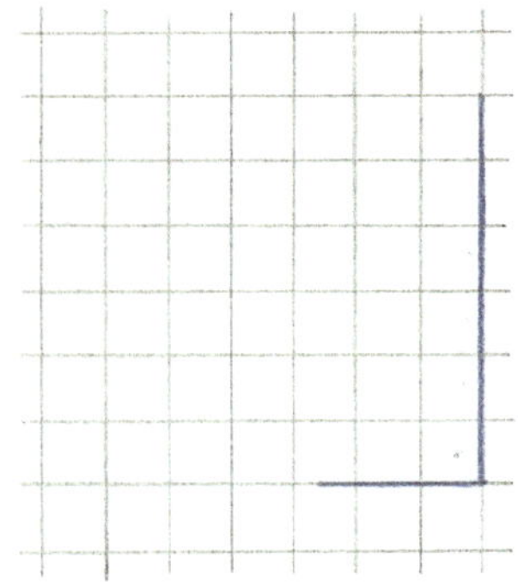 c) 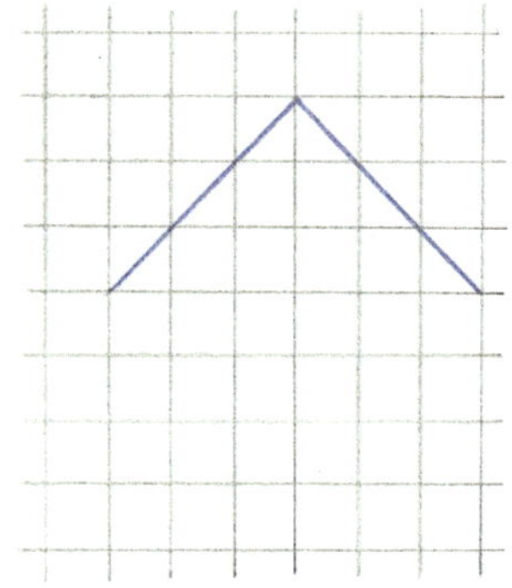

2 Ergänze zu einem Rechteck.

a) 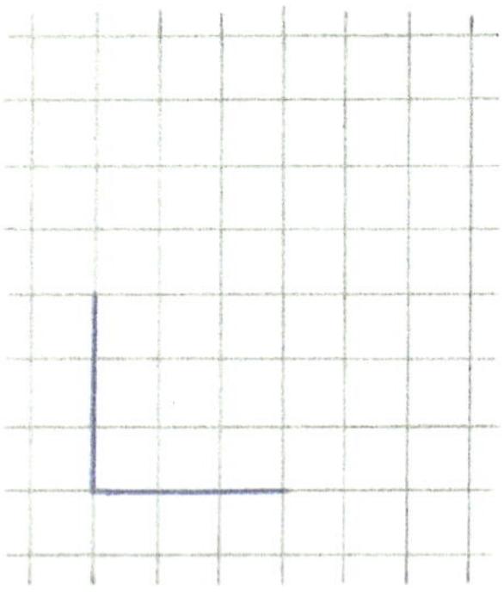 b) 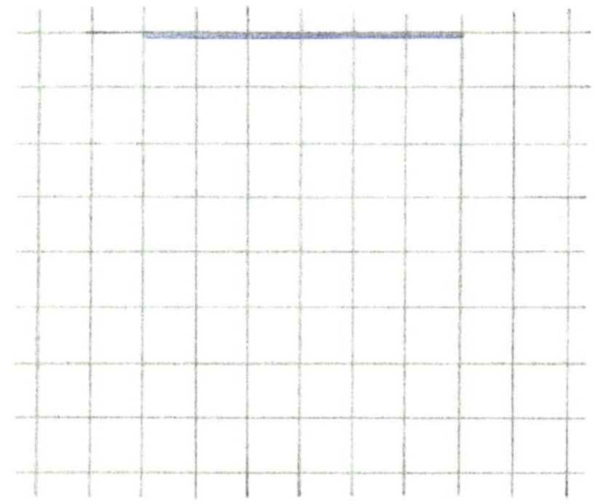 c) 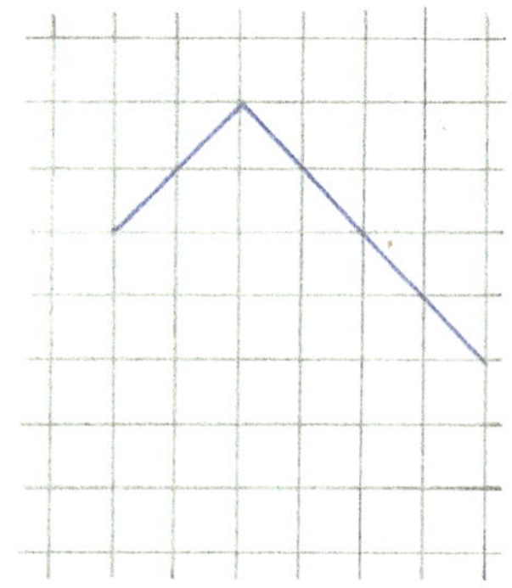

3 a) Zeichne ein Quadrat.
Die Seiten sind 3 cm lang.

b) Zeichne ein Rechteck.
Eine Seite ist 4 cm lang, die andere 2 cm.

4 Zeichne die Muster weiter.

a) 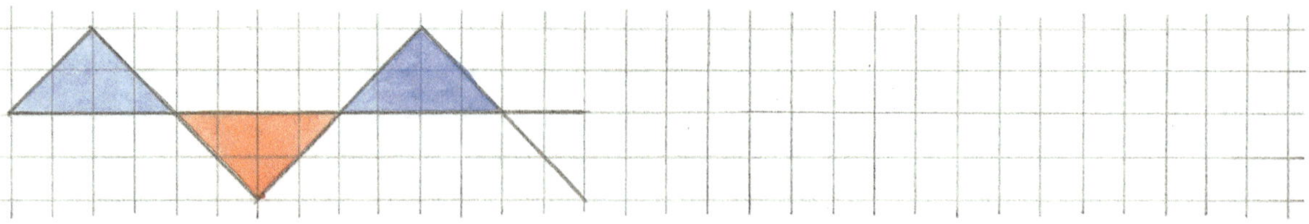

b) 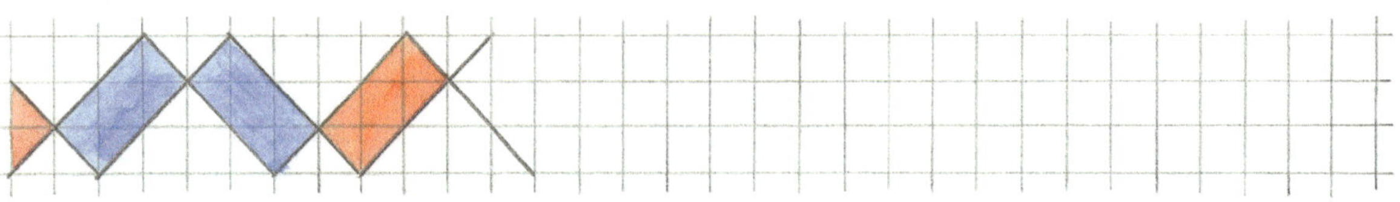

Flächen vergleichen

Datum ______

zu S. 25

1 Wie viele Maßquadrate sind es?
Zeichne die Maßquadrate ein und notiere die Anzahl.

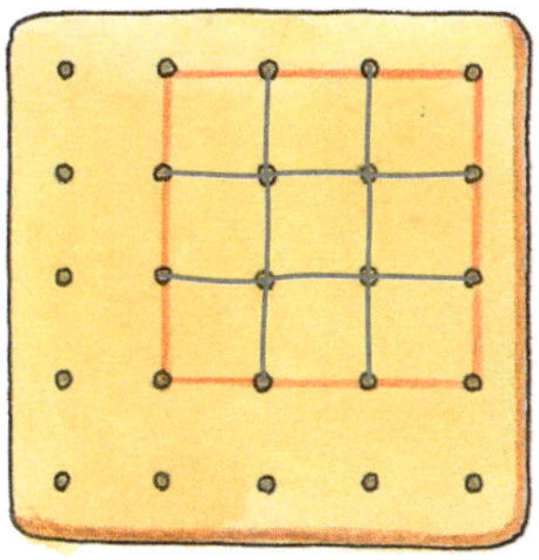

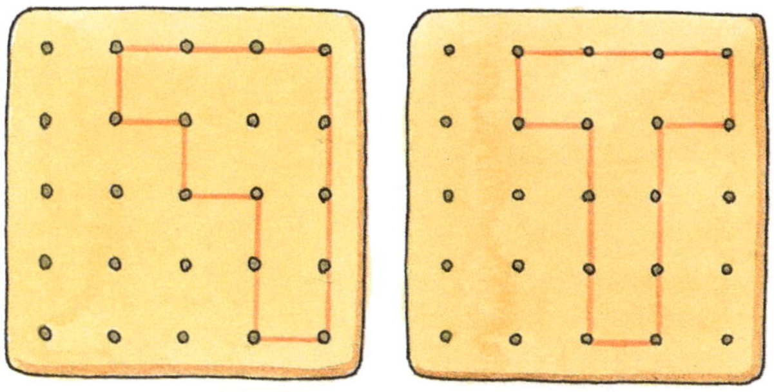

9 Maßquadrate | ___ Maßquadrate | ___ Maßquadrate

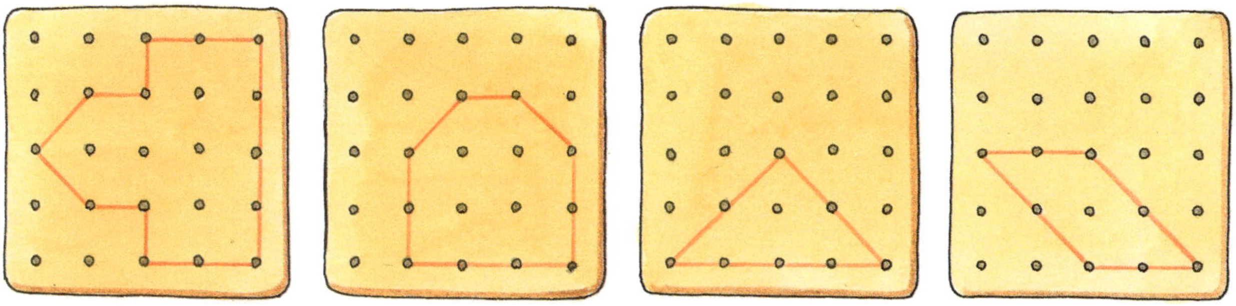

___ Maßquadrate | ___ Maßquadrate | ___ Maßquadrate | ___ Maßquadrate

2 Zeichne Figuren mit 5 Maßquadraten.

3 Zeichne Quadrate mit der angegebenen Anzahl Maßquadrate.

1 Maßquadrat | 4 Maßquadrate | 9 Maßquadrate | 8 Maßquadrate

Symmetrie

zu S. 27 – 28

Datum

1 Zeichne die Spiegelachsen ein.

2 Wie heißen die Wörter? Ergänze spiegelbildlich.

3 Übersetze die Geheimschrift mit dem Spiegel.

Jede symmetrische Figur
hat mindestens
eine Spiegelachse.

4 Zeichne das Spiegelbild.

Symmetrie

zu S. 29

Datum: ______________

1 Zeichne die Spiegelachsen ein.

2 Ergänze spiegelbildlich.

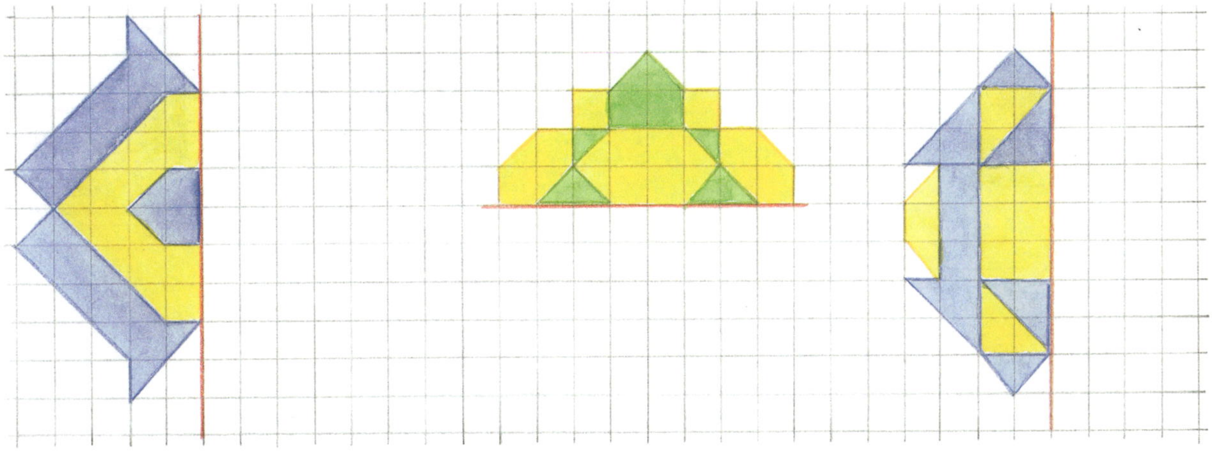

3 Spiegele nacheinander.

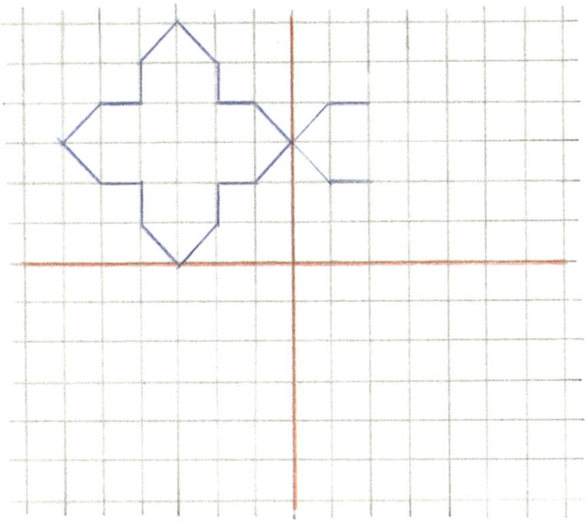

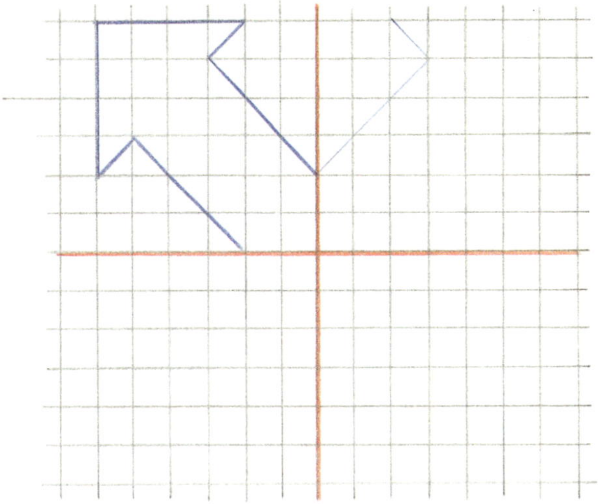

4 Setze das Muster fort.

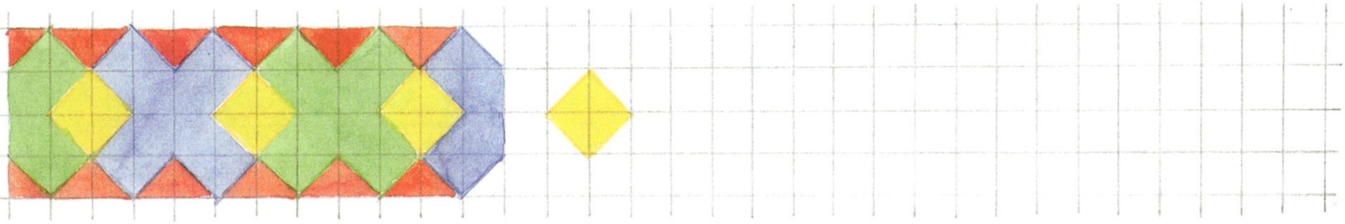

zu S. 11

Datum ____________

1 Wie viel Geld ist es?

____

____

____

____

____

____

2 Welche Scheine oder Münzen können es sein?

376 €

423 €

635 €

3 Mit welchen Scheinen und Münzen kannst du die Geldbeträge legen?
Finde verschiedene Möglichkeiten.

	500	200	100	50	20	10	5	2	1
465 €		1	2		2	2	1		
465 €									
465 €									
903 €									
903 €									
903 €									
827 €									
827 €									
827 €									

Geld – Kommaschreibweise

Datum: ____________

zu S. 12–13

1 a) Wie viel Geld hat jedes Kind? Schreibe die Beträge in die Tabelle.

A Tom

B Jan

C Lisa

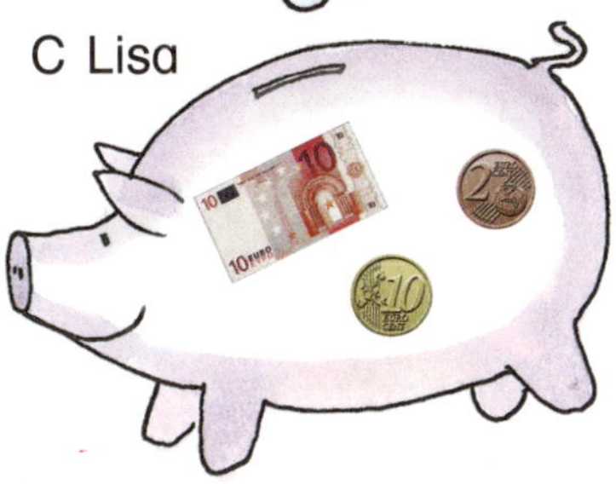

D Mia

E Karl

F Susi

	10 €	1 €	10 ct	1 ct	
Tom		4	6	5	4,65 €
Jan					
Lisa					
Mia					
Karl					
Susi					

b) Was stimmt? Kreuze an.

- ☐ Lisa hat das meiste Geld.
- ☐ Tom hat mehr Geld als Karl.
- ☐ Karl hat weniger Geld als Jan.
- ☐ Mia hat 3 Cent mehr als Susi.

2 Fülle die Tabelle aus.

a)

320 ct	555 ct		612 ct		752 ct	
3 € 20 ct	5 € 55 ct	4 € 21 ct				
3,20 €				8,40 €		4,36 €

b)

501 ct				77 ct	3 ct	
	6 € 60 ct		4 € 2 ct			
		9,03 €				10,05 €

3 Male gleiche Beträge mit der gleichen Farbe an.

4 € | 444 ct | 0,44 € | 400 ct | 4,40 € | 4 ct | 0,04 € | 440 ct | 4,04 € | 4,44 € | 404 ct | 44 ct

Geld – Rechnen mit Kommazahlen

Datum ____________

zu S. 14

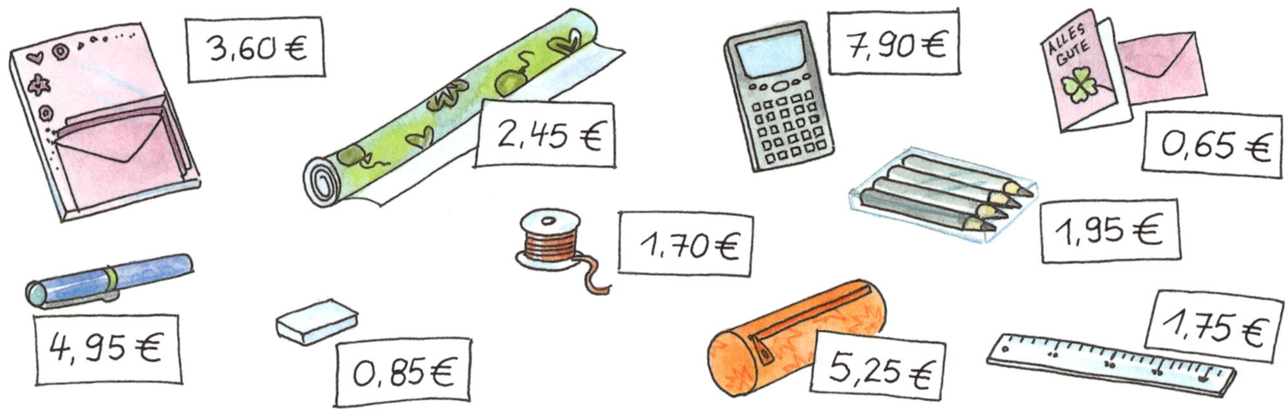

1 Wie viel kostet es? Rechne auf deinem Weg.

a) Jan kauft ein Lineal und Bleistifte.

Jan bezahlt ______ €.

b) Mona kauft Briefpapier und einen Füller.

Mona bezahlt ______ €.

c) Herr Blank kauft Geschenkpapier und Geschenkband.

Herr Blank ______________________

d) Frau Neu kauft einen Taschenrechner und eine Geburtstagskarte.

____

2 Wie viel Geld bekommen die Kinder zurück?

a) Lisa hat 10 €. Sie kauft einen Füller.

Lisa bekommt ______ € zurück.

b) Malte hat 5 €. Er kauft ein Radiergummi.

Malte bekommt ______ € zurück.

c) Kai hat 15 €. Er kauft eine Federmappe.

____

d) Anna hat 10 €. Sie kauft Geschenkband.

____

Geld – Kommazahlen multiplizieren

Datum ____________

zu S. 15

1 Wie viel kostet es?

a) 6 Äpfel

6 Äpfel kosten ______ €.

b) 7 Salatköpfe

7 Salatköpfe kosten ______ €.

c) 9 Zitronen

9 Zitronen ____________

d) 4 Bund Schnittlauch

____

2 Wie viel kostet es? Rechne wie Flex.

a) 4 Ananas

4 · 1,50 € =
4 · 1,00 € = 4,00 €
4 · 0,50 € =

____

b) 5 Melonen

____

c) 7 Bund Möhren

____

3 a) Frau Kahn zahlt 2,40 € für Zitronen.
Wie viele Zitronen hat sie gekauft?

____

b) Mark zahlt 4,50 € für Äpfel.
Wie viele Äpfel hat er gekauft?

____

Datum ____________

zu S. 16

1 Wie viel kosten die Dinge einzeln?

a)

b)

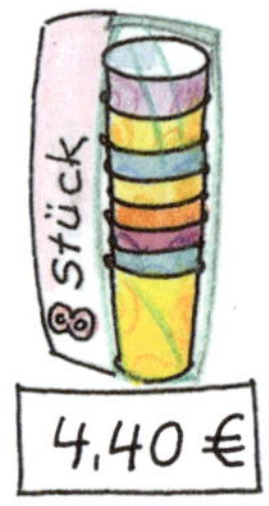

c)

d)

a)

1 Luftballon kostet ________ €.

b)

1 Becher kostet ________ €.

c)

____

d)

____

2 Wie viel kosten die Dinge einzeln?

a) 5 Jojos kosten 5,55 €.

____

b) 8 Wundertüten kosten 8,72 €.

____

3

a) Mara hat 6,90 € bezahlt. Dafür kann sie 6-mal Autoscooter fahren.

F.: ____________________

R.:

A.: ____________________

b) Tobi hat 5 Lose gekauft. Er hat 4,70 € bezahlt.

F.: ____________________

R.:

A.: ____________________

Geld – Schriftlich addieren mit Kommazahlen

_______________ Datum

zu S. 18

1

a) Martin kauft einen Comic und eine Postkarte. Martin bezahlt ______ €.

b) Pina kauft ein Poster und eine Zeitschrift. Pina bezahlt ______ €.

c) Karla kauft ein Kinderbuch und einen Kalender. Karla bezahlt ______ €.

d) Frau Mai kauft einen Bildband und einen Krimi. Frau Mai bezahlt ______ €.

a) 4,85 €
+ 1,49 €
______ €

b)

c)

d)

2

a) Luna kauft ein Poster und einen Comic. Luna bezahlt ______ €.

b) Ben kauft ein Kochbuch und einen Krimi. Ben bezahlt ______ €.

c) Kai kauft eine Zeitschrift, einen Kalender und ein Poster. Kai bezahlt ______ €.

d) Anna kauft ein Kochbuch, einen Krimi und ein Kinderbuch. Anna bezahlt ______ €.

a)

b)

c)

d)

3

Rechne nur die Aufgaben, deren Summe kleiner als 100 € ist.

a) 39,82 €
+ 56,45 €

b) 68,36 €
+ 38,94 €

c) 51,87 €
+ 49,98 €

d) 45,97 €
+ 42,86 €

Geld – Schriftlich subtrahieren mit Kommazahlen

Datum ______________

zu S. 19

1 Wie viel Geld bekommen die Kinder zurück?

a) Felix

b) Kira

c) Max

d) Tina

a)

```
  5,0 0 €
- 1,7 5 €
---------
```

b)

c)

d)

Felix bekommt ______ € zurück.

Kira bekommt ______ € zurück.

Max bekommt ______ € zurück.

Tina bekommt ______ € zurück.

2 Wie viel Geld bleibt übrig?

a)

b)

c)

d)

a) b) c) d)

______ € bleiben übrig.

______ € bleiben übrig.

______ € bleiben übrig.

______ € bleiben übrig.

3 Subtrahiere schriftlich.

a)

```
  8,3 2 €
- 6,4 1 €
---------
```

b)

```
  6,8 1 €
- 3,5 9 €
---------
```

c)

```
  8,9 8 €
- 7,6 8 €
---------
```

d)

```
  7,0 8 €
- 5,9 5 €
---------
```

e)

```
  1 3,0 0 €
-   5,2 8 €
-----------
```

f)

```
  1 5,0 0 €
-   8,5 7 €
-----------
```

g)

```
  2 0,0 0 €
- 1 4,8 0 €
-----------
```

h)

```
  3 0,0 0 €
- 1 2,3 0 €
-----------
```

Zeit – Minuten und Sekunden

Datum ____________

zu S. 22–23

1 Schreibe beide Uhrzeiten auf.

______ Uhr	______ Uhr	______ Uhr	______ Uhr
______ Uhr	______ Uhr	______ Uhr	______ Uhr

______ Uhr	______ Uhr	______ Uhr	______ Uhr
______ Uhr	______ Uhr	______ Uhr	______ Uhr

2 Rechne um.

a)	b)	c)
1 h = ______ min	2 h 10 min = ______ min	______ h ______ min = 150 min
2 h = ______ min	3 h 5 min = ______ min	______ h ______ min = 420 min
4 h = ______ min	1 h 40 min = ______ min	______ h ______ min = 200 min
10 h = ______ min	10 h 30 min = ______ min	______ h ______ min = 610 min

3 Ergänze zur vollen Minute.

a)	b)	c)
20 s + ______ s = 1 min	15 s + ______ s = 1 min	44 s + ______ s = 1 min
30 s + ______ s = 1 min	27 s + ______ s = 1 min	7 s + ______ s = 1 min

4 Rechne um.

a)	b)	c)
3 min = ______ s	7 min = ______ s	4 min 20 s = ______ s
2 min = ______ s	10 min = ______ s	6 min 6 s = ______ s

5 Was gehört zusammen? Male in der gleichen Farbe an.

00:10

20 Minuten vor 8

7:40

10 Minuten nach 12

halb 4

5 Minuten vor 9

15:30

20:55

Datum ____________

zu S. 24

1 Ergänze zur vollen Stunde.

a)  b) 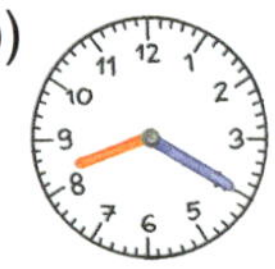 c) 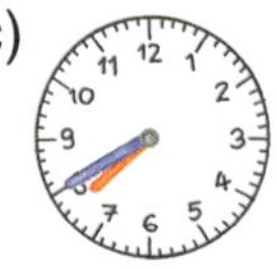 d)  e) 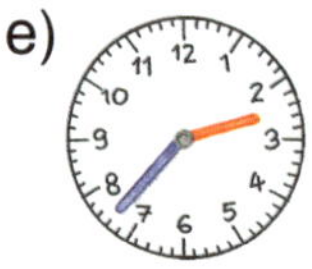 f) 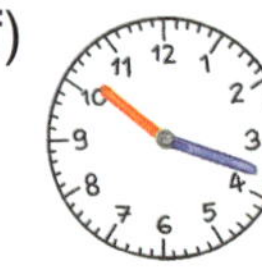

a) 13.45 Uhr —15 min→ 14.00 Uhr b) 20.20 Uhr —min→ 21.00 Uhr

c) 7.40 Uhr —min→ ______ d) ______ —min→ ______

e) ______ —min→ ______ f) ______ —min→ ______

2 Wie viele Minuten sind vergangen?

a)  → 

9.30 Uhr —15 min→ 9.45 Uhr

b)  → 

______ Uhr → ______ Uhr

c) 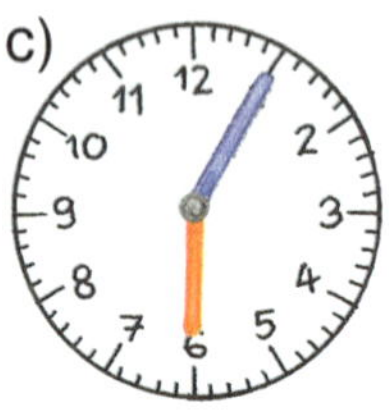 → 

______ Uhr → ______ Uhr

d)  → 

______ Uhr → ______ Uhr

3 Wie viele Minuten sind vergangen?

a)  → 

______ Uhr → ______ Uhr

b) 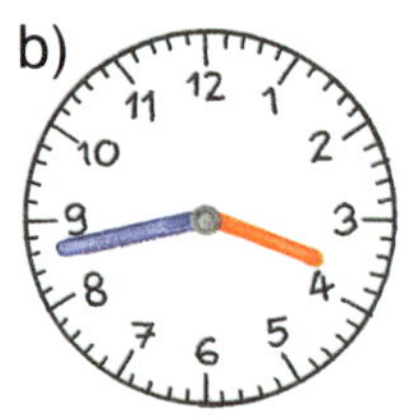 → 

______ Uhr → ______ Uhr

c)  → 

______ Uhr → ______ Uhr

d)  → 

______ Uhr → ______ Uhr

Datum

zu S. 24

1 Wie spät ist es in …

a) 2 h 10 min — 12.24 Uhr — 2 h 10 min → ______

b) 2 h 24 min — ______ → ______

c) 3 h 31 min — ______ → ______

2 Wie viel Zeit ist vergangen?

a)

 → 

______ Uhr — h min → ______ Uhr

a)

b)

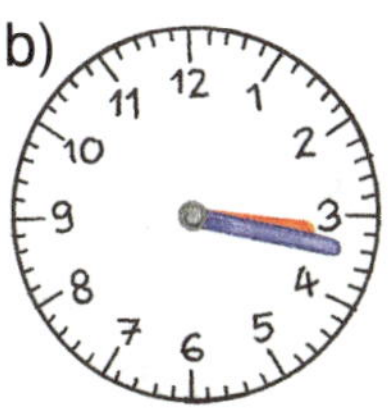 → 

______ → ______

b)

c)

 → 

______ → ______

c)

3

a) Wie lange dauert die Theatervorstellung?

______

b) Wie lange dauert der Kinofilm?

______

Längen – Kommaschreibweise

zu S. 30

Datum ______________

1 Trage die Länge in die Tabelle ein und schreibe als Kommazahl.

a) 2 m 36 cm
b) 5 m 40 cm
c) 17 m 89 cm
d) 14 m 4 cm
e) 65 cm
f) 27 m 72 cm

	10 m	1 m	10 cm	1 cm	
a)		2	3	6	2,36 m
b)					
c)					
d)					
e)					
f)					

2 Fülle die Tabelle aus.

a)

165 cm	225 cm			812 cm		
1 m 65 cm	2 m 25 cm	8 m 50 cm			16 m 16 cm	
1,65 m			7,42 m			4,28 m

b)

	96 cm				908 cm	
		13 m 3 cm		47 m 4 cm		
4,07 m			0,10 m			10,01 m

3 Male gleiche Längen mit der gleichen Farbe an.

30 cm | 0,33 m | 300 cm | 3,33 m | 333 cm | 3 cm
3 m | 0,03 m | 303 cm | 0,30 m | 33 cm | 3,03 m

4 Kleiner, größer oder gleich? Setze ein: <, >, =

a) 2,05 m ◯ 2 m 50 cm
0,25 m ◯ 52 cm

b) 2 m 5 cm ◯ 205 cm
2,50 m ◯ 250 cm

c) 2 m 50 cm ◯ 2 m 5 cm
5 m 20 cm ◯ 5,20 m

5 Flo möchte eine Schleife um das Geschenk binden.
Er braucht dafür 60 cm Geschenkband.
Auf der Rolle sind noch 2,25 m.

F.: ______________________________

R.: ______________________________

A.: ______________________________

Längen – Millimeter

Datum ____________

zu S. 31

1 Miss die Längen der Stifte in Millimetern.

a) 52 mm
b) 38 mm
c) 69 mm
d) 72 mm
e) 111 mm
f) 55 mm
g) 83 mm

2 Wie lang sind die Strecken? Schätze zuerst, dann miss nach.

	geschätzt	gemessen
a)	cm mm	4 cm 5 mm
b)		7 cm 7 mm
c)		3 cm 1 mm
d)		1 cm 3 mm
e)		14 cm 8 mm
f)		5 cm 6 mm

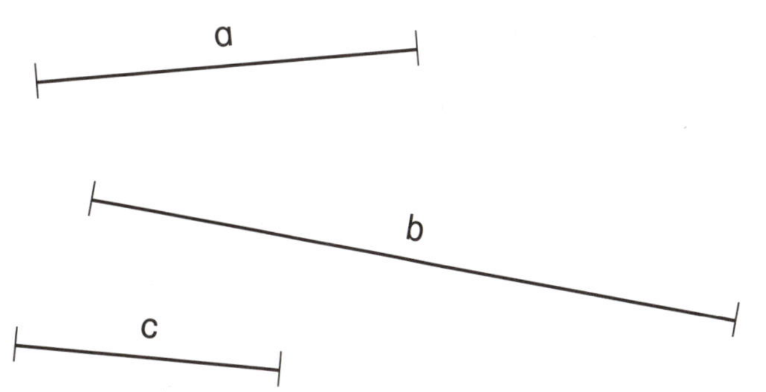

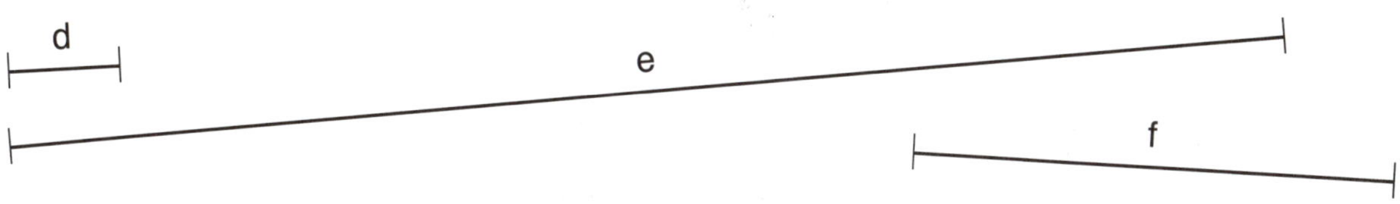

3 Zeichne die Strecken.

a = 3 cm 5 mm b = 2 cm 7 mm c = 15 mm d = 4 cm 2 mm e = 71 mm

a

b

c

d

e

4 Wie viele Zentimeter und Millimeter sind es?

a) 13 mm = 1 cm 3 mm
42 mm = 4 cm 2 mm
502 mm = 50 cm 2 mm

b) 55 mm = 5 cm 5 mm
88 mm = 8 cm 8 mm
119 mm = 11 cm 9 mm

Gewicht

zu S. 38 – 39

______________ Datum

1 Welche Gewichtsangabe passt zu welchem Gegenstand? Verbinde.

2 g	20 g	50 g	200 g	250 g	500 g	1000 g

2 Ergänze zu einem halben Kilogramm.

a) 500 g
250 g + ______
140 g + ______

b) 500 g
80 g + ______
35 g + ______

c) 500 g
302 g + ______
165 g + ______

3 Ergänze zu einem Kilogramm.

a) 1000 g
600 g + ______
510 g + ______
820 g + ______
990 g + ______

b) 1000 g
200 g + ______
460 g + ______
120 g + ______
250 g + ______

c) 1000 g
5 g + ______
925 g + ______
505 g + ______
822 g + ______

4 Was ist gleich schwer? Verbinde.

Sachrechnen mit Größen

zu S. 41

Datum ____________

Herr und Frau Sander machen mit ihren Kindern Milla und Tobi einen Ausflug in die Berge.

1 Der Engelsberg ist 788 m hoch.
Der Himmelsberg ist 175 m höher.

F.: ____________

R.:

A.: ____________

2 Familie Sander startet um 8.35 Uhr am Parkplatz. Um 12.17 Uhr sind sie auf dem Gipfel des Engelsberges angekommen.

F.: ____________

R.:

A.: ____________

3 Auf dem Gipfel gibt es einen Kiosk.
Dort kauft Frau Sander 4-mal Apfelschorle und für jeden eine Bratwurst.

F.: ____________

R.:

A.: ____________

4 Tobi kauft noch ein Stück Kuchen.
Er bezahlt mit einem 5 €-Schein.

F.: ____________

R.:

A.: ____________

Daten und Zufall

zu S. 42

Datum ____________

1 Das Säulendiagramm zeigt die Anzahl der Mädchen und Jungen in den verschiedenen Sportgruppen des Kindersportvereins SV Grüne Heide.
1 mm bedeutet ein Mädchen oder ein Junge.
Übertrage die Daten in die Tabelle.

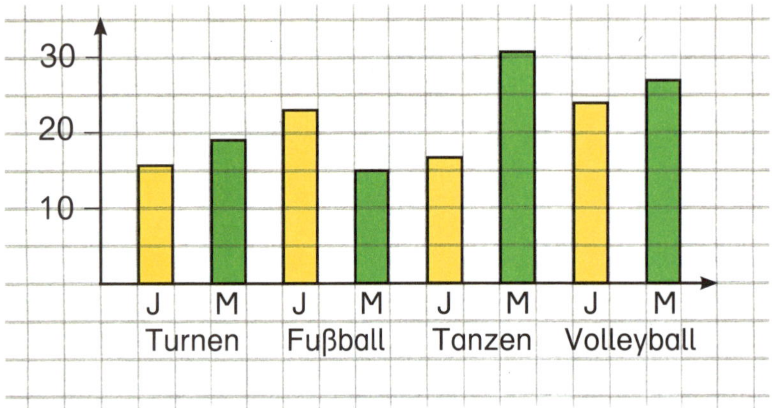

	J	M
Turnen		
Fußball		
Tanzen		
Volleyball		

2 Die Klasse 3 a hat an ihrer Schule eine Umfrage zum Thema „Lieblingssport“ gemacht.
a) Zeichne zu der Strichliste ein Streifendiagramm.
Zeichne für jedes Kind einen Millimeter.

Fußball	𝍸 𝍸 𝍸 𝍸 𝍸 𝍸 𝍸 I
Turnen	𝍸 𝍸 II
Laufen	𝍸 𝍸 𝍸 𝍸 IIII
Basketball	𝍸 𝍸 𝍸 𝍸 𝍸 𝍸 𝍸 III
Inlineskaten	𝍸 𝍸 𝍸 𝍸 𝍸 𝍸 II
Schwimmen	𝍸 𝍸 𝍸 𝍸 I
andere	𝍸 𝍸 𝍸 𝍸 𝍸 II

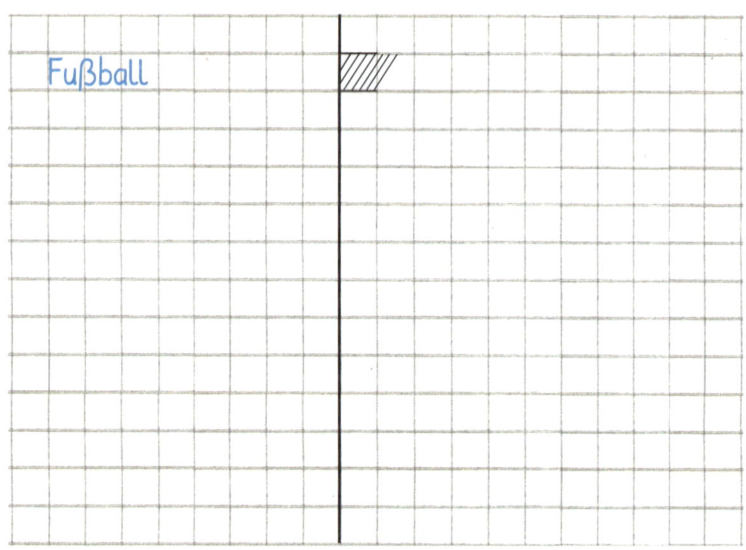

b) Was stimmt? Kreuze an.

- [ ] Fußball ist die beliebteste Sportart.
- [ ] Schwimmen ist beliebter als Turnen.
- [ ] Basketball ist die beliebteste Sportart.
- [ ] Laufen ist beliebter als Schwimmen.